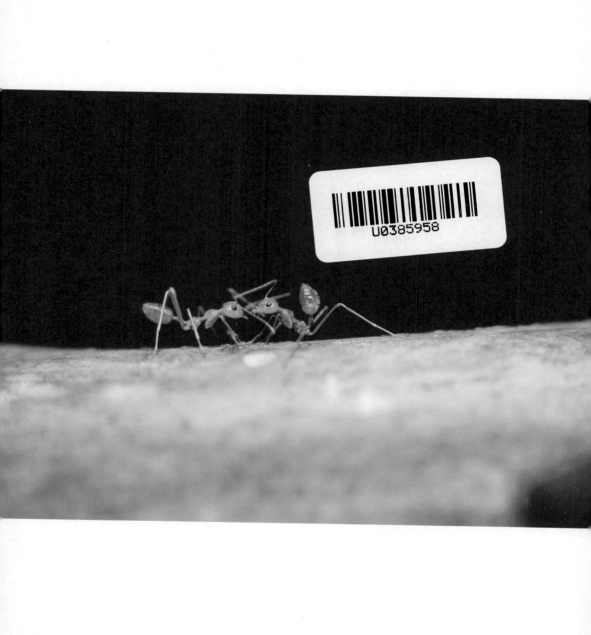

自然的故事

［法］让·亨利·法布尔　著

小袋鼠工作室　编译

黑龙江科学技术出版社

图书在版编目（CIP）数据

自然的故事／（法）让·亨利·法布尔著；小袋鼠
工作室编译 . —哈尔滨：黑龙江科学技术出版社，
2019.3
　　ISBN 978-7-5388-9422-6

　　Ⅰ.①自… 　Ⅱ.①让… ②小… 　Ⅲ.①自然科学—青
少年读物 　Ⅳ.①N49

　　中国版本图书馆 CIP 数据核字（2017）第 278497 号

自然的故事

ZIRAN DE GUSHI

作　　者	［法］让·亨利·法布尔
编　　译	小袋鼠工作室
项目总监	薛方闻
策划编辑	孙　勃　赵　铮
责任编辑	孙　勃　闫海波
封面设计	新华环宇教育科技有限公司
出　　版	黑龙江科学技术出版社
	地址：哈尔滨市南岗区公安街 70-2 号　邮编：150001
	电话：（0451）53642106　传真：（0451）53642143
	网址：www.lkcbs.cn
发　　行	全国新华书店
印　　刷	北京市通州兴龙印刷厂
开　　本	787 mm×1092 mm　1/16
印　　张	10
彩　　插	10
字　　数	160 千字
版　　次	2019 年 3 月第 1 版
印　　次	2019 年 3 月第 1 次印刷
书　　号	ISBN 978-7-5388-9422-6
定　　价	35.00 元

目录
Contents

蚂 蚁

一、六位朋友

夕阳西下，这又是一个黄昏。保罗叔像往常一样在聚精会神地读一本大部头的书。他是个爱读书的人，无论多么疲惫，只要拿起书，浑身的倦意便会消失得无影无踪。他房间里的松木书架上，整齐地摆放着各种各样的书，有薄的、有厚的，有彩色的、有黑白的，有装订好的，还有没装订的，甚至还有镀金边的书呢。每当保罗叔关起门来专心阅读的时候，都会废寝忘食，除非有特别重大的事情，否则他绝对手不释卷，一刻也不能离开心爱的书本。大家都说，保罗叔的脑子里装着数不尽的故事宝藏。保罗叔还特别喜欢观察、研究：花园里蜜蜂嗡嗡飞舞的蜂窝旁，散落一地花瓣的接骨木边，刚刚吐出新芽的草地上，都有保罗叔俯身观察的身影，就连蠕蠕爬行的小虫子，他都会伏在地上目不转睛地观察好久。每次的观察都好像是一次触碰大自然奥秘的旅程，保罗叔总能从观察中收获惊喜，情不自禁地绽放出光彩的笑容。

村子里的人都尊敬地称呼保罗叔为"保罗先生"，因为他总是乐于帮助村里的每一个人，并且态度始终和善，因此深受大家的爱戴。

保罗叔不但喜欢读书，还擅长种田。平日里比较忙的时候，老杰克会帮助保罗叔打理田地。老杰克和他的妻子老恩妈是保罗叔父亲的两位老仆人，从保罗叔有记忆以来他们就一直生活在一起。老杰克和老恩妈都非常疼爱保罗叔，当保罗叔还是个孩子的时候，杰克就常常用柳树皮做成哨子逗小保罗开心；恩妈总是把小保罗的点心口袋装得满满的，像母亲一样悉心照料着小保罗的饮食起居……在保罗叔的心里，这是两位可亲可敬的家人。

保罗叔没有娶妻，但是他非常喜欢孩子，和孩子们一起玩耍，被孩子们追问各种有趣的问题，使他感到无比快乐。此时，他正和三个可爱的孩子在一起。他们是保罗叔哥哥的孩子：艾米尔、喻尔和克莱尔。每年他们都会来保罗叔这里住一段日子，孩子们太喜欢这个叔父了，他总有讲不完的故事。

克莱尔是三个孩子中年龄最大的，等到樱桃红透的时候，她就要过十二岁生日了。虽然克莱尔是家里的"大小姐"，可她却丝毫没有骄纵的习气，她不仅乖巧懂事、勇敢、讲礼貌，还很勤劳，闲来无事的时候她常常主动温习功课，或者做些手工，有时会织双可爱的袜子，有时会给手帕编一个美丽的花边……从来都不在穿衣打扮上花心思。每当大人们吩咐她去做些什么的时候，她都会欣然接受，马上就去做，就像接到任务的小天使一样，快乐又认真。

喻尔比克莱尔小两岁，个头也比克莱尔要矮些。他可是个心里存不下事情的好奇鬼，似乎这世上的一切都会引起他的兴趣：蚂蚁为什么要拖一根稻草？小麻雀为什么在屋顶上啄食？……他对所观察到的一切都要"打破砂锅纹（问）到底"，缠着保罗叔给他解答谜题。保罗叔总会不厌其烦地为他排疑解惑，而且每次都是娓娓道来，生动有趣。倘若保罗叔因为忙碌没能及时回答他的"为什么"，喻尔便会大发脾气，哭闹不止，有时还会躺在地上翻白眼，把身上所有能扯下来的东西都狠狠地丢在地上。这时，只要稍微哄他一下，他马上就会平复情绪，安静下来。在保罗叔看来，天真烂漫的喻尔能怀有一颗强烈的好奇心是无比珍贵的事情，如果引导得当，一定会有好的结果；可喻尔的坏脾气，也让保罗叔担心不已，如果不能及早改正，这样的坏脾气怕有朝一日会铸成大错。

艾米尔是家里最小的一个孩子。他总是蹦蹦跳跳地四处玩耍，稍不留神便会洋相百出，不是被浆果汁涂了个大花脸，就是不知在哪里把额头碰起了一个大包，有时还会不小心扎得满手都是刺，疼得哇哇直哭。不同于哥哥和姐姐，艾米尔最喜欢的并不是得到一本新书，而是他自己的玩具箱。他的玩具箱俨然是一个百宝箱，里面藏着的所有东西只有他自己知道，因为实在太多了，里面有一只叫"地汪汪"的陀螺，能发出很响的汪汪声；许多分别穿着蓝衣服和红衣服的小铅兵；一艘载满各种小动物的"挪亚方舟"；还有一只保罗叔禁止他吹的小喇叭，因为他每次吹起那只小喇叭都会呜呜啦啦地吵个不停……当然，艾米尔在一天天长大，他的注意力也开始发生了变化，他明白了，他的"地汪汪"并不是这世上唯一的宝贝，还有那么多有趣的事情在等着他。有时，他甚至会被保罗叔的一个故事深深吸引，因此而忘却了他心爱的"地汪汪"。

二、真故事与假故事

　　大家团坐在一起。保罗叔正在翻看一本大书，老恩妈在熟练地纺丝，老杰克在专心地编柳条花篮，克莱尔很有兴致地绣着花，喻尔和艾米尔一起摆弄着"挪亚方舟"。不一会儿，喻尔和艾米尔玩够了，便对老恩妈说："恩妈，给我们讲个好听的故事吧！"

　　老恩妈想了片刻，记起了一个故事的轮廓，于是便一边摇着纺车，一边讲了起来。

　　"从前呀，有一只蚱蜢和一只蚂蚁，它们相约一起去赶集。走呀走呀，它们来到了河边。河面已经被冰覆盖了，怎么过去呢？蚱蜢用力一跳，很轻松地就到了冰河的对岸。可是蚂蚁并不会跳呀，它冲着蚱蜢喊道：'我不会跳，但是我很轻，让我骑在你的背上一起过河吧！'蚱蜢挥挥手说：'只要照着我刚才的样子用力跳，你就可以过来了！'于是呀，蚂蚁学着蚱蜢发力的样子使劲一跃，却跌倒在冰上，狠狠地摔了一跤，把一条腿都摔断了。"

　　喻尔和艾米尔聚精会神地盯着老恩妈，听她继续往下讲。

　　"'冰啊，冰啊，你为什么不能和善一些呢？你看你太强大了，把蚂蚁的腿都折断了。'

　　"'太阳比我还强大呢，它把我都融化了！'冰说道。

　　"'太阳啊太阳，你为什么不能和善一些呢？你看你，把冰都融化了；冰又把蚂蚁的腿给折断了。'

　　"'云比我还要强大呢，它把我都给遮住了！'太阳说道。

　　"'云啊云，你为什么不能和善一些呢？你看你，把太阳都给遮住了，太阳又把冰给融化了，冰又折断了蚂蚁的腿。'

　　"'风比我还要强大呢，它把我都吹走了！'云说道。

　　"'风啊风，你为什么不能和善一些呢？你看你，把云都吹走了，云又遮住

了太阳，太阳又把冰给融化了，冰又折断了蚂蚁的腿。'

"'墙壁比我还强大呢，它把我都给挡住了！'风说道。

"'墙壁啊墙壁，你为什么就不能和善一些呢？你看你，把风都挡住了，风又把云吹走了，云又遮住了太阳，太阳又把冰给融化了，冰又把蚂蚁的腿给折断了。'

"'老鼠比我还强大呢，它在我身上打了洞，都把我给掏空了！'

"'老鼠啊老鼠，你为什么就不能和善一些呢……'"

喻尔不耐烦地跳起来，边跳边嚷："哎呀，恩妈，怎么讲来讲去都是一样的呢？"

"怎么会是一样的呢？都是不一样的呀！宝贝，你看，老鼠之后还有猫咪，猫咪吃了老鼠，扫把抽打了猫咪，火又烧了扫把，水又浇灭了火，牛又把水喝光了，苍蝇又叮咬了牛，麻雀又啄食了苍蝇，网子又困住了麻雀……"

艾米尔紧皱着眉头问道："是不是要一直这样不停地讲下去呀？"

老恩妈慈祥地微笑着说："孩子，这世间不管多么强大的东西，都会存在着另一种比它更加强大的东西可以制服它，这就叫'一物降一物'，所以我们这个故事可以很久很久地讲下去。"

艾米尔点点头，说："恩妈，您说得没错！……可是，这个故事我已经听够了，不想再听下去了。您还有更有趣的故事吗？"

"好吧，那我再讲一个《小拇指的故事》。"

"从前，有一个砍柴工和他的妻子，他们生活得非常贫穷。他们有七个孩子，最小的孩子生下来还没有拇指大，他很瘦小，小得可以睡在鞋子里，所以大家都叫他'小拇指'。"

"啊——我知道，我知道！"艾米尔跳起来打断了老恩妈的讲述，"七个孩子在树林里迷了路，于是开始寻找当初走进树林时留下的记号，小拇指开始的时候是用白色的石子做记号，后来石子不够了，就用面包屑做记号，可是小鸟们把面包屑都吃没了，他们找不到记号，被困在了树林里。正当大家着急的时候，小拇指爬上了一棵树，看到不远处有一户人家，里面还有点点灯火，他们便向房子跑去。哇呜——原来房子里住着一个吃人的魔鬼！"

"那些都是骗人的！"喻尔掰着小手说，"什么穿靴子的猫啊，丢了水晶鞋的灰姑娘啊，可恶的蓝胡子先生啊，什么南瓜会变成马车啊，青蛙会变成王子啊，蜥蜴会变成仆人啊……都是假的！那些都是童话故事，都是哄小孩子的！我要听真实的故事，真真正正会发生的故事！"

"真实的故事""真真正正会发生的故事"，这句话深深地打动了保罗叔，他的脑子里有那么多"真实的故事"，都跃跃欲试地要跳出来准备讲给孩子们听！这真是个绝佳的机会呀！保罗叔合上书，坐起身子对孩子们说："我很高兴喻尔说想要听'真实的故事'，孩子们，一个真实的故事，能够带给你们无穷的乐趣，而且你们还会从中受益匪浅，比起那些变来变去的童话故事，真实的故事会更有吸引力。刚才恩妈讲了一个在冰河上跌断腿的蚂蚁的故事，你们觉得无趣，那我来讲一个真正的蚂蚁的故事，好不好？"

"好呀！好呀！"孩子们拍着小手，兴奋地坐到了保罗叔的身边。

三、蚂蚁筑城

"孩子们，你们留意过蚂蚁吗？"保罗叔开始绘声绘色地讲起来。

"每当太阳暖融融地照向大地的时候，蚂蚁们就开始忙碌了。我们常常可以看到蚂蚁们成群结队地搬运着泥粒或食物，在小泥土堆周围上上下下，忙得不亦乐乎！一颗谷粒大小的泥粒对于蚂蚁来说，可谓是千钧重负。它们把泥粒含在口中，艰难地往泥土堆顶端的洞口爬。等到了顶端，蚂蚁终于可以松一口气，让泥粒顺着小土堆的另一端滚下去。它们不会有丝毫的松懈，马上又从顶端的洞口进去，继续勤劳地搬运另一颗泥粒。"

保罗叔看着孩子们听得入了神，便接着往下讲。

"蚂蚁们在做什么呢？为什么要搬运这些泥粒呢？"孩子们都瞪大了眼睛在等待答案。

"它们这是要建造一座地下的城市呀！就像我们人类的城市一样，那里也有楼房、街道、商场，甚至还有储藏大量食物的仓库呢！它们的城市不仅要建在隐秘的地下，而且还要选择雨水渗透不到的地方。在那里，它们用牙齿打通一条长长的街道，街道中每隔一段距离就会有一个节点，从节点处或上或下、或左或右

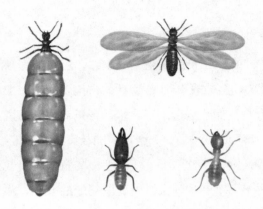

都引出许多房间，这些房间也都是蚂蚁们用牙齿一点点打造出来的，它们就像是一群可爱的小矿工，在密不见光的地下辛勤地劳作着！"

"那么，挖掘出来的泥土该怎么办呢？这就是我们开头说的蚂蚁往外搬运泥土的答案呀！它们高昂着头，把沉重的泥粒含在口中，像光荣的战士一般把泥粒一颗颗成功转移到'城市'以外的地方去，虽然这看起来并不稀奇，但其中凝聚了蚂蚁多少的艰辛和努力呀！那些'建筑垃圾'被蚂蚁们在洞口外面不远处堆砌起来，所以我们只要看那些被堆砌起来的泥粒有多高，就知道地下的城市有多大了。"

"是呀！"艾米尔闪烁着大眼睛说道。

保罗叔微笑着继续往下讲："只挖好通道，搬运出泥粒，是远远不够的，因为一旦上面的泥土崩塌，房屋和街道就垮了，所以它们还需要蚂蚁中的'木匠'把不坚固的地方填满。一根细细的稻草、一片干枯的叶子梗，都是非常适宜的材料。"

"喏，你们看——"保罗叔随手捡起地下的一粒麦粒，剥下外壳，"像这样的一颗麦粒的壳，既薄又干燥还足够坚硬，最适合用作房子之间的隔板了！但是这个麦壳对于弱小的蚂蚁来说，实在太重了。找到这个麦壳的蚂蚁只有使出浑身的力气，麦壳才会微微地挪动一下。看来仅凭一只蚂蚁的力量是无法完成任务了。失败了的蚂蚁转身离去了，它难道要放弃了吗？不多时，那只蚂蚁又回来了，身后还跟随着另外两只蚂蚁，原来它是叫帮手去了呀！多么执着的蚂蚁呀！它们一个在前面用力拉，两个分开在后面使劲推，沿途经过的蚂蚁都会主动上来帮忙，那麦壳就像长了脚一样，乖乖跟着蚂蚁们去了。"

听到这里，孩子都高兴得拍起手来。

"新的问题又出现了。"保罗叔的一句话让孩子们又安静了下来，"庞大的麦壳横亘在地下城市的入口，无法进入。蚂蚁大军成群结队地从地下涌出来，可无论怎么用力，仍然无法把这个大家伙搬进洞里。怎么办呢？这时候就要看蚂蚁工程师的本领了！有三只蚂蚁工程师围着麦壳转来转去地审视着，似乎要把麦壳的构造一眼望穿。终于，办法来了！在蚂蚁工程师的指挥下，蚂蚁们一齐把麦壳的一端向后拖，使得另一端探到了洞口的位置。于是，一只蚂蚁紧紧咬住洞口的一端往洞里拉，其余的蚂蚁把远离洞口的另一端高高举起，只见麦壳好像站起来一般，沿着洞口就掉了下去，那只咬着麦壳的蚂蚁也跟着跌了进去。对于蚂蚁来说，这可以称得上是一项大工程了。还记得那些搬运泥粒的蚂蚁工吗？当这项浩大的工程进行的时候，它们并没有好奇地围观，甚至也没有因此而停下来歇歇脚，而是依然忙忙碌碌地搬运泥粒，就像什么都没有发生一样。经过工程现场的时候，身边危机四伏，它们仍然冒着粉身碎骨的危险，紧张地工作着。多么勇敢、勤劳的蚂蚁呀！"

听到这里，孩子的脸上浮起肃然起敬的表情，保罗叔接着往下讲。

"像我们人类一样，繁重的工作会消耗大量的体力，我们会觉得疲惫、饥饿，蚂蚁亦然。辛苦的劳动之后，它们也会食欲大振，这时候送牛奶的蚂蚁就会把从奶牛那里榨到的新鲜牛奶送到它们嘴边。"

"哈哈，保罗叔也开始讲童话了！"艾米尔不以为然地笑起来，"这一定不是真的！送牛奶的蚂蚁？奶牛？新鲜的牛奶？哈哈，蚂蚁怎么会有这些呢！这跟老恩妈讲的一样，是童话故事！"

不仅艾米尔感到不可思议，连老恩妈也停住了手上的纺丝活儿，老杰克也不再继续编篮筐，喻尔和克莱尔都睁大了好奇的眼睛。大家都在等保罗叔的回应。

"孩子们，我没有讲童话，更不是开玩笑。"保罗叔说，"我们说好的，要讲真实的故事，我怎么会骗你们呢！蚂蚁中真的有奶牛，还有负责榨牛奶的蚂蚁。我会用事实证明我所说的是真实存在的！且待明天见分晓吧！"

大家意犹未尽地散开了。艾米尔悄悄地对喻尔说："保罗叔讲的真实的故事太有趣了，我决定明天不玩'挪亚方舟'了，我要来听蚂蚁里的奶牛。"

四、蚁牛

第二天清晨，半睡半醒中的艾米尔想起了"蚂蚁里的奶牛"，忙一个机灵起身，拉起喻尔就去找保罗叔："我们快去找保罗叔吧，昨天的故事还没有讲完。"

保罗叔听完他们的来意，笑着说："啊哈，小家伙们，你们想知道'蚂蚁里的奶牛'的故事呀，让我带你们去看看它们吧，这可比单纯地讲要有趣得多！"

"太好了，太好了！"孩子们激动得跳跃起来。不一会儿，克莱尔也来了。

保罗叔把孩子们带到花园里，这里可真是一个可爱的小天地呀！蜜蜂、蝴蝶、甲壳虫，在花丛中翩翩飞舞，接骨木开满了白色的小花。保罗叔引孩子们来到一处接骨木边，只见在树皮的边缘，布满了成群结队的蚂蚁，它们有的从下往上爬，匆匆忙忙的样子像是要去赶赴一场盛宴；有的则是从上往下爬，步履缓慢，如同在欣赏沿途的美景。为什么会有如此的不同呢？再仔细观察便可以发现，步履缓慢的蚂蚁肚子鼓鼓的，显然已经饱餐了一顿，挺着吃撑了的肚子无法快步前行；行色匆忙的蚂蚁肚子干瘪，大概已经饿得发慌了吧，在饥饿的催促下，它们健步如飞。

"快看呀，这只贪吃的蚂蚁已经撑得要走不动了！"喻尔指着一只肚子圆鼓鼓的蚂蚁说。

"不，它可不是贪吃的家伙！"保罗叔忙纠正道，"它们之所以把肚子吃得圆圆的，可是有原因的。它们的肚子里装满了鲜榨的牛奶，那些牛奶将会带去给在城市里辛勤工作的蚂蚁们，那些牛奶来自栖息在接骨木上的无数只奶牛，当然，蚂蚁中的奶牛和我们人类的奶牛是不一样的，让我指给你们看看吧！"

保罗叔轻轻提起一根枝丫，孩子们忙凑上前来观看。在一片叶子的背面和一芽柔软的新枝上，密密麻麻地挨满了无数漆黑的小虱子。保罗叔说道："这些小虱子名叫木虱，它们就是蚂蚁中的奶牛，它们嘴上长有比毛发还要精细的吸管，可以插入树皮，尽情地吮吸接骨木的汁水；它们背部的下端，还有两条短而空的管子，那便是牛的乳房，里面滴出来的汁液，便是甜美的牛奶。当木虱紧密挨着的时候，饥饿的蚂蚁们便爬到奶牛们的背上，一旦找到闪烁着晶莹奶水的管子，便会尽情地畅饮起来。当然，木虱并非永远慷慨，有时它们也不肯让牛奶从管子里流出来。这时，聪明的蚂蚁便会用它们柔软的触角轻轻地触碰木虱的肚子，木虱的肚子受了触角的刺激，出牛奶的管子便会畅通起来，就能挤出牛奶来。看啊，这是多么美妙的发现呀！"

"保罗叔，这真是太奇妙了！"克莱尔兴奋地说。

保罗叔缓缓地把枝丫放回原来的地方："孩子们，养育蚂蚁的奶牛的牧场，可不仅仅是接骨木一种，而且在不同的牧场，木虱的颜色也是不同的。比如玫瑰树上的木虱是绿色的；接骨木、豆莺粟、荨麻、杨柳、白杨等植物上的木虱是黑色的；橡树、蓟等植物上的木虱是紫铜色的；夹竹桃、坚果等植物上的木虱是黄色的。"

艾米尔和喻尔被眼前的景象深深吸引了，保罗叔的一句话又引起了他们更大的兴趣，他们开始在别的植物上寻找不同颜色的蚂蚁里的奶牛，不到一个小时的工夫，他们就找到了四种呢！

五、牛棚

吃过晚饭后，六位朋友又围坐在一起，听保罗叔继续讲蚂蚁的故事。

老杰克也被保罗叔的故事深深吸引了，他抱着尚未完工的编制篮筐坐在一旁，要知道，平日的这个时候老杰克可是正在牛棚或者羊圈里忙碌呢！听着保罗叔和孩子们描述早上在花园的接骨木边的所见所感，老杰克感叹道："主人，你的故事打开了我老迈的头脑的另一扇门，它让我感受到自然的神奇与美妙，我们有我们的奶牛，蚂蚁也有蚂蚁的奶牛，这是多么的奇妙啊！"

"是的，只要你用心观察，用心感受，即使是一只在嗡嗡采蜜的蜜蜂、一块被雨水滋润的青苔，都会震撼你的心灵，让你看到大自然的神奇与伟大。"保罗叔说。

"好了，我们接着来讲讲蚂蚁的牛棚。孩子们，你们还记得早上是在花园里什么地方看到黑色木虱的吗？"保罗叔发问道。

喻尔抢先回答："是在接骨木上，还有叶子的背面。"

"好极了，喻尔！"保罗叔接着说，"我们都知道，在离家很远的地方有一个牧场，那里有很多的奶牛为我们供给着新鲜的牛奶。可是，如果我们每次需要牛奶的时候都只能长途跋涉地去牧场获得，那是不是非常的麻烦呢？所以，孩子们，我们就在园子里搭建了牛棚，把奶牛关在里面，这样我们就可以随时挤取美味的牛奶了。木虱作为蚂蚁的奶牛也是这样的。你们早上在花园看到的接骨木，就如同离家很远的牧场，蚂蚁们为了避免跑远路，也需要搭建起一个足够容纳大量木虱的牛棚。但是像接骨木这样的大牧场，小小的蚂蚁们是力不能及的；如果搬几棵草或树叶来当作牛棚，也是不行的，那样木虱们会不受限制地到处乱跑。"

"那该怎么办呢？"艾米尔皱着眉头，焦急地问。

保罗叔接着说："不用担心，聪明的蚂蚁有自己的办法。它们发明了一种可以避暑的牛棚，不仅可以随时取得新鲜的牛奶，蚂蚁自己也可以住在里面避暑，真是惬意极了。它们的牛棚以一根植物的茎杆为根基，蚂蚁们将泥粒一点点移到草根上，直到埋没了根的上端，而这些露在外面的建筑形成了一环天然的屏障。等到一粒粒的干土都堆起来了，形成了一个大的圆顶，这圆顶架筑在根底之上，环绕植物茎杆，高至木虱所在之上。圆顶的边缘处开有一个小洞口，以便蚂蚁作为主人随时料理牛棚。木虱在牛棚里既不被风吹日晒，还可以将吸管深入植物茎杆皮内尽情吮吸养分，而蚂蚁无须踏出家门半步，便可坐享鲜美的牛奶，这是何等的幸福呀！

"这些用泥土堆积起来的牛棚虽然对蚂蚁来说十分美妙，但是对我们人类而言，实在是太脆弱了，因为只需稍稍用力，我们便可以把它吹垮。不要忘记，蚂蚁是那么弱小，它们的力量有时是那么的孱弱。

"蚂蚁不会为了少数的几只木虱而建造一个这样的牛棚，只有当木虱积聚到一定数量并且找不到现成的牛棚时，蚂蚁们才会如此大费周折地建立这样可以避暑的牛棚。这样的牛棚并不是随处可见，当然，我是见过的，如果你们在这个夏天留意观察，一定也会在花园里的各种盆栽边有所发现的。"

"我们一定可以找到的！"喻尔满怀信心地说，"可是保罗叔，你还没有告诉我们，我们在接骨木上看到的那些把肚子吃得鼓鼓的蚂蚁，为什么要那样贪婪

地大吃呢？后来它们又去了哪里呢？"

"当一只饥饿的蚂蚁觅到食物的时候，它一定会先狼吞虎咽地饱餐一顿，因为它实在是太饿了，就像我们承受饥饿时一样；但是当它吃饱的时候，它不会离开，因为它的心里惦记着那些还在饿肚子的蚂蚁，蚂蚁们是如此的友爱和无私。这时它的肚子就像一个可以移动的大容器，它会把所有能装得下的好吃的食物都装进肚子里，以便带回去给饿肚子的蚂蚁分享。孩子们，小小的蚂蚁尚且知道要无私地奉献，那我们是不是要向它学习呢？有许多自私自利的人，心里只想着自己，只要自己得到了满足便不会考虑别人，这样的人非常可耻。我们再来说肚子鼓鼓的蚂蚁。它挺着沉重的肚子慢慢地往回挪，虽然这样很辛苦，但是它一点也不抱怨，它知道那些因为工作而不能去寻找食物还忍受饥饿的木匠、工蚁、搬运工们比它还要辛苦。它走呀走呀，对面遇见了一只正在拉稻草的工蚁，工蚁又累又饿，这时它们会嘴对嘴地接起来，像接吻一样的。肚子鼓鼓的蚂蚁从肚子里吐出一小滴新鲜的牛奶，工蚁便美美地喝了起来。味道好极了！这一小滴牛奶足以帮助它恢复体力。工蚁马上回到稻草边继续工作，而送食物的蚂蚁则继续前行传递美味。就这样，每当遇到一只饥饿的蚂蚁，肚子鼓鼓的送奶工就会吐出一小滴牛奶，嘴对嘴地喂给对方，直到它肚子里的美食都被分享一空了，它才停止前进，转而回去重新装运食物。

"像这样负责送牛奶的蚂蚁仅仅一只是远远不够的，不只是那些因为工作不能去觅食的工蚁在等着它来喂牛奶，还有非常多的小蚂蚁、蚂蚁宝宝在温暖的房间里也在等着送牛奶的蚂蚁去喂养，就像你们小时候嗷嗷待哺一样。因此要有一大群送牛奶的蚂蚁才行。"

艾米尔眨着天真的大眼睛问："保罗叔，蚂蚁宝宝长什么样子呀？"

"蚂蚁宝宝呀，像鸟类一样，是从蛋里孵出来的，大部分的昆虫都是这样的。蚁蛋是像白色颗粒一样的东西，太阳出来的时候，蚂蚁把蚁蛋从地底下搬出来，找到一块可以晒到太阳的石头，便把蚁蛋安放在石头上，借太阳的光热使蚁蛋孵化。"

"没错，"艾米尔插话道，"有一天我在墙角下拿起一块石头，看到下面有好多白色的小点点，可是没一会儿，我发现蚂蚁们都匆匆忙忙地把它们搬走了。"

"当你把石头拿起来时，蚂蚁出于保护，当然要把蚁蛋搬到安全的地方去了。"

保罗叔解释道，"刚从蛋里出来的蚂蚁宝宝，并不像它们的爸爸妈妈一样，它们没有脚，只是一条白色的小虫，它们的力量非常微弱，甚至连翻身都不能自己完成。这样弱小的蚂蚁宝宝一刻也不能离开照顾，而像这样的蚂蚁宝宝，在一座蚂蚁城市里有成千上万只。你们想一想，那么多的蚂蚁宝宝，需要多少木虱才能供应足够的牛奶？又需要多少送牛奶的蚂蚁才能够把它们喂养长大呢？这些送牛奶的蚂蚁为了养育这么多的蚂蚁宝宝，又付出了多么辛苦的代价呀！"

六、狡猾的长老

"在花园里，我就能找出上百处蚂蚁丘来，"喻尔自豪地说，"我曾经看到蚂蚁们倾巢出动，黑压压的一大片。要喂养这么多的蚂蚁，那得需要多少木虱呀！"

"虽然蚂蚁众多，但是不用担心，因为木虱的数量要比蚂蚁多得多。"保罗叔解释道，"你们一定想象不到，数量庞大的木虱虽然养育了蚂蚁，却往往会给人类的收获带来威胁。下面先听我讲一个故事吧！

"从前，在古老的印度，有一位总是闷闷不乐的国王。为了让他高兴，一位长老发明了一种棋盘游戏。规则是这样的：游戏的双方分别为黑、白两种敌对的棋子，每个阵营里设有步兵、骑兵、将军、主教、炮台、王后以及国王。棋战开始，国王在重兵保护下远离战场，居高临下远远观战，步兵先行交战，接着骑兵出阵，兵刃相交，随后主教、炮台也加入了战斗，两军左右翼竞相驱驰。最终，黑方失守，国王被捕，王后也做了俘虏。

"闷闷不乐的国王为这个棋盘游戏开怀大笑，他终于不再烦闷了。国王决定奖赏长老，他问长老有什么要求。长老毕恭毕敬地回答：'大王在上，鄙人只是一个小小的僧侣，愿望非常简单，我请求您能够满足我，在棋盘的第一个方格内给我1粒麦子，第二个方格内给我2粒麦子，第三个方格内给我4粒麦子，第四格内给我8粒麦子，以后每一格内总要比前一格多一倍，一直加到最后一格，棋盘内一共有八八六十四格。我要回去喂养我心爱的蓝鸽子。'

"国王听后哈哈大笑，'你真是个傻子呀！放着金银财宝不要，偏要区区几把麦粒。来人呀，给他十袋金币，再加一袋麦子。'国王伸手一挥，大臣已经把奖赏摆在了长老面前。'这可比你要求的多得多啦！'国王感觉自己十分慷慨。

"可是长老并没有接受国王的赏赐，他说：'大王在上，请收回您的金币，我只想喂养我心爱的蓝鸽子，这些金币对我来说毫无用处。'

"'好吧，那我就给你 100 袋麦粒！'

"'陛下，这些还远远不够。'

"'那就给你 1000 袋，这回足够了吧？'

"'不，陛下，这些也远远不够。'朝中大臣们惊得面面相觑，1000 袋的麦粒难道还达不到棋盘方格内应得的数目？国王不耐烦地从大臣中挑选出最有学识的几位，命令他们马上计算出长老要求的麦粒数目。奉命的大臣一刻也不敢懈怠，仔细地盘算起来，只见计算中数字越来越大，位数越来越多。'回禀陛下，'计算结束，大臣上报道，'按照计算的结果，您粮仓里的麦粒还不够满足长老的要求，不仅是您，即使是全国乃至全世界的麦粒加起来，恐怕也无法满足这个数目。这个数目实在是太大了，大得足以把整个儿地球厚厚地包裹起来，而且要比一只手指还要厚呢！'国王听罢气得连胡须都飞了起来。后来，国王只好册封长老为'维齐尔'，而那个官爵正是长老最想得到的。"

"这个长老可真狡猾，"喻尔噘着嘴巴说，"没想到一粒麦粒翻倍自加六十四次居然会有这么多，我原本以为不过几袋而已呢，我和国王一样都被他骗了。"

"这正是我所希望你们知道的，"保罗叔微笑着说，"无论多么渺小的数字，只要不懈地增加积累，就会像滚雪球一样越来越大，终有一日会成为一个无法撼动的庞然大物。"

艾米尔若有所思地点着头，嘴里还嘀咕着："说谎话的长老，明明野心勃勃，想要的东西比国王所有的还要多，却口口声声说只要麦粒，只为了心爱的蓝鸽子……可是，保罗叔，长老是什么呀？"

"在东方的印度，长老是对僧人的尊称。"

"那'维齐尔'又是什么呢？是很厉害的角色吗？"

"'维齐尔'是那个国家里高高在上的一个官爵，就像是现在的首相或者总理大臣一样。"

"哦，那这可比十袋金币要贵重得多啦！"

"可是，保罗叔，"喻尔打断道，"这个故事跟蚂蚁中的奶牛有什么关系呢？"

"当然，非常有关系。"保罗叔斩钉截铁地说。

七、众多的家族

"我们现在来做一个假设，"保罗叔说，"假设有一只木虱栖息在一棵玫瑰花树上，注意，是一只哦，仅仅只有一只。几天之后，你就会发现在这只木虱的周围团团围绕着好多小木虱，那些都是它的孩子。会有多少呢？我们就假设有十只好了。你们觉得十只木虱是否能够保存它们的种族呢？"保罗叔用询问的眼光看向孩子们。

"哦，可怜的蚂蚁，它们将再也没有牛奶喝了。"艾米尔说。

"不用担心，艾米尔。"保罗叔说，"我提出这个问题并不是毫无缘由的。你们要知道，自然科学的伟大之处就在于它能够引导各种生命得到各自适度存在的神秘方法。即使世界上的最后一只木虱消失了，第二天太阳也会照常升起，更何况，这仅存的一只木虱并不能使它的种族灭绝。从一只木虱生出来的十只木虱，如果不去伤害它们，那么一只生出一只，十只生出十只；倘若一只可以生出十只，那么十只便可以生出一百只……不用多久，木虱无限量地繁殖下去了，就像故事里长老的麦粒，数字会像滚雪球一样无限变大。但是木虱的繁殖并不是一帆风顺的，它们要面对早熟、早死以及天敌等不可抗拒的灾难威胁。你看到成群的木虱在玫瑰树上住着，平静祥和，其实你不知道，每一分钟都有大量的木虱死去。年老、幼小以及体质孱弱的木虱，都是天敌们唾手可得的美食，它们是那么的细小软弱。一只刚破壳而出的小鸟可以一口吃掉近一百只木虱，甚至是体型仅仅比它们大几倍的一条小虫，也可以在顷刻间吞噬几只木虱。多么可怜的木虱呀，时刻都处在丧命的危险中。"

"保罗叔，吃掉木虱的小虫是什么虫子呀？它长什么样子？"艾米尔越发好奇起来。

"这种小虫是碧绿色的，它的背上有一道白色的条纹，它们头很尖，屁股圆圆的，缩成一团的时候就像一滴下坠的水珠。它们很喜欢吃木虱，似乎总也吃不够，有它们出没的地方蚂蚁中的奶牛们就要遭殃了，所以人们把这些虫子叫作蚂蚁的狮子。它可要比木虱机灵得多，它会悄悄混进木虱群中，用它尖锐的嘴咬住一只最肥最大的木虱，把木虱肚子里的汁液统统吸光，因为木虱的外壳太硬了，它吸光汁液后便把干瘪的尸体丢掉，转而再去吸食另一只。就这样，蚂蚁的狮子可以一口气吃掉将近一百只木虱。再说那木虱，尽管可怜，却很愚钝。身边的同伴已经被活活吃掉了却全然没有察觉，还只顾着埋头吃自己的。岂不知这一刻吃得酣畅，下一刻即将成为他人的盘中餐。愚蠢的木虱啊！碧绿色的蚂蚁的狮子就这样尽情地享用着美味，大概两周的时间，它便可以把木虱群全部吃光，到那时，它就会长出一对长长的透明的翅膀，眼睛也变得亮亮的，是的，它变成了蜻蜓，草蜻蜓。"

"哇——好神奇呀！"艾米尔拍手叫道。

"愚蠢的木虱可不止小鸟和草蜻蜓这两种天敌，"保罗叔接着讲，"还有瓢虫，你们在花园里经常见到，它有一个又圆又红的后背，上面有很多黑色的小斑点，样子可爱极了！你们一定没想到吧，这么可爱的小虫子，也是个贪吃鬼，它们吃起木虱来丝毫不比草蜻蜓逊色。花园里各种各样比木虱体型大的家伙都想要来吃木虱，可怜的木虱危机四伏，除了反抗，要想保留种族就必须大量且要快速地繁殖。好在，木虱有着比任何一种昆虫都要快速的繁殖方法。之前我们说过，蚂蚁和大部分昆虫的繁殖一样都是先下蛋，然后孵化出它们的孩子。这对木虱来

说，实在是太慢了。木虱不同于它们，它是直接生出小木虱来的，就像我们人类可以直接生出小宝宝。那些新出生的小木虱，只需要两周的时间，就可以完成长大生宝宝的过程，也就是说，两个星期后，这些小木虱就已经可以生出小小木虱了。如此往复繁殖，季节更迭，不消半年，这些木虱就能够繁殖出十二代以上了，保守地估算，1只木虱可以生出10只，当然1只木虱的生殖能力要远远大于这个数目——第一只所生的10只，各自再生10只，成为100只；那100只各自又生10只，成为1000只；1000只各自再生10只，成为10000只……如此不停地十只十只地乘上去，总共乘11次。是不是和那长老的麦粒一样难以估算呢？的确，计算出来的数字异常惊人。那会是多少呢？那是一万万万只！要数清一只木虱在六个月中的子子孙孙，要花费一万年哪！倘若要把这一万万万只木虱像在接骨木上那样摩肩接踵地排列起来，那会是怎样的场面呢？"

"那会把我们整个花园都铺满的！"克莱尔不可思议地说。

"不，那会是一片十倍于我们花园的地方。"保罗叔说，"我们的花园有100米长，100米宽，仅仅半年，一只木虱就会繁殖出可以铺满十倍花园大小的子孙，如果没有小鸟、草蜻蜓、瓢虫的威胁和侵食，那么一只木虱的子孙不用几年，便可以把整个地球团团包围。当然，不要以为木虱很弱小就轻视它，它一旦搞起破坏也是相当惊人的，甚至会威胁到人类。长有翅膀的木虱，有时会成群结队地在空中盘旋，像一团黑色的云雾，遮蔽了太阳，使人类暗无天日。有时它们会停在果树上，肆虐地把果树咬得七零八落，农民们便没了收成。人类虽然聪明且强大，面对这样一群破坏分子却也会束手无策。这大概就是大自然对人类的善意提醒吧，警示我们永远不要看不起卑微，永远不要骄傲自大。"

蚂蚁的故事讲完了。孩子们仍然意犹未尽地回味着，保罗叔说得没错，真正的故事果然有趣而且受益匪浅。

动植物

八、老梨树

"一，二，三，四，五……"

孩子们发现花园里的一棵梨树被砍倒了，此刻他们的保罗叔正坐在树干上一边数着什么，一边用手指在截断的地方点着。

那棵树已经很老了，也有好几年没有长梨子了，在它的周围又重新种了些梨树。

"快过来呀，"保罗叔向孩子们招手，"说不定梨树会给你们讲一些有趣的故事呢。"

孩子们全都飞快地跑过来，保罗叔说过的有趣的事情还从来没让他们失望过。

"老梨树会有什么故事讲给我们听？"喻尔问。

"来，靠近一点，看看这棵梨树被砍断的地方。是不是有好多圆圈？这些圆圈开始绕着树心，后来一圈圈逐渐变大起来，一直圈到树皮边为止。"

"我看见了，"克莱尔兴奋地喊着，"它们是一个套着一个的。"

"好像石块被丢进湖里，漾起的一个个圆圈。"喻尔说。

"我也看到了。"艾米尔大喊。

"那些圆圈其实是年轮。"保罗叔说。

"年轮？"

"对。"

"什么是年轮？"喻尔问。

"树木在一年内生长所产生的一段木质层，出现在你们面前这个被我砍断的横面上，就呈现出一个个车轮，因为每一年只能形成一个圆圈，所以那些植物学家把它们叫作年轮。"

保罗叔继续说："懂得了这个道理，我们就可以来算一算它的年纪喽。你们看，现在树干上一共有 45 个圆圈，这代表了什么？谁能告诉我这棵老梨树有多少岁了？"

"太简单了，保罗叔刚才说一年生一个圆圈，既然我们数出来 45 个圆圈，那它一定是 45 岁了！"喻尔答道。

"孩子们，你们同意吗？"保罗叔问。

"同意！"克莱尔和艾米尔异口同声地回答。

"确实是 45 岁，喻尔说得没错，这棵梨树先把它的年纪告诉我们，作为它故事的开场白。"保罗叔脸上露出了胜利的表情。

"这也太简单了！"喻尔叫道，"一个圆圈代表一年，多少圆圈就是多少年，我们现在看到的圆圈也是它的年龄。叔父，别的树，比如橡树、榉树、栗树，也是这样看它们的年龄吗？"

"是的，在我们居住的地球上，每棵树都是一年一个圈。只要看看它的年轮便可以知道它的年纪了，容易吧！"

"这么说来，路旁的那棵大榉树一定很老了，"艾米尔说道，"多么可惜呀，那天它被砍倒了，它的枝叶说不定可以铺满一整块田地呢！"

"不是很老，"保罗叔接道，"因为我数过，一共 170 个圆圈。"

"有 170 个圈，保罗叔！这是真的吗？"

"没错，是真的，有 170 个圆圈。"

"那么那棵榉树就是 170 岁喽，"喻尔带着疑惑问，"一棵树能活这么多年吗？假如不是因为要拓宽路面而把它砍掉的话，它还能活多久呢？"

"对于人类来说，170 年的确是很大的年纪，无人活得到，"保罗叔接着说，"但在树木方面，那还很年轻呢。来，让我们坐到那片树荫下去。关于树木的年纪，我还有许多话要跟你们说。"

九、树木的年纪

"据说在桑塞尔这个地方有一棵三四百年的栗树，将它的树干合抱起来至少有四米。"保罗叔开始讲了起来。

"三四百年，好老哦！"艾米尔感叹道。

"孩子们，请耐心地听我把故事讲完。"保罗叔平静地讲道，"这仅仅是故事的开端，其实还有很多很出名的大树，足令你们刚才的惊讶不足挂齿。"

"譬如，瑞士日内瓦湖畔的牛夫·赛尔有一棵树干周长超过 13 米的大栗树。1408 年之前，它便已经存在，并且在此后的四五百年间，虽然不断地经历风雨，也被雷击中过几次，却依然屹立不倒，郁郁葱葱，硕果满枝。同样是栗树，再比如蒙特利马附近的爱沙，那棵栗树的树干圆周足有 11 米，树皮已经干裂风化，像是一道道皱纹在诉说着它的年纪，高枝已经没有了，却还是结着栗子。这两棵老树的年龄一直以来都是个谜，但细细算来或许已经超过 1000 年了！"

"天哪，1000 年！我简直不敢相信。"喻尔忍不住惊叫道。

保罗叔微笑地看着孩子们，继续讲着："世界上最大的栗树，在意大利西西里岛爱特那火山的斜坡上，起初是由几棵栗树合并起来的，后因时间的推移，越长越近，逐渐合而为一了。据说古代阿拉刚国有一位王后叫雅纳，一天她带领一百人骑着马去游览这座火山，结果遇上了暴风雨，于是她和她那一百人马一起在栗树下避雨。没想到在这棵大树枝叶的遮蔽下，马和人居然成功地躲过了这场暴风雨。从此以后，人们自然而然地把这棵栗树称为'百马栗树'。要知道这棵大树的树干周长至少有 50 米，就是 30 个人依然无法将它合抱。与其说是树干，还不如说它是一个炮台或是一座塔。树干下部的裂口足够容许两辆马车并驾齐驱地穿过树身，直达树中心。因为这棵古老的大树还具有年轻的树叶，因此能够照常结出栗子。

"除了栗树，在德国维登堡的一个名为纽斯塔特的地方，有一棵七八百年的菩提树。由于连年的生长，它的枝叶日渐繁茂，荫蔽所及范围的圆周足足有 130 米，以至于到最后它的树枝下面需要用 100 根石柱支撑着。就是这样一棵'大菩提树'，在 1229 年时便已经很老了。"

"然而法国有一棵比德国纽斯塔特巨树还要老的菩提树，与之相同的是它的六条主要枝丫也需要几个柱子支撑，它生长在涂克斯·赛佛尔的却理宫附近，假如能活到现在，至少有 1100 年了。

"作为神秘之树的橡树，也有很多很有名的老橡树。1824 年，一棵存活了一千五六百年的老橡树在阿顿尼斯被伐倒，后来人们在它的树干内发现了许多用于祭祀的古瓶和古钱币。说到橡树，不得不提诺曼底阿洛维尔墓地的那棵至今还活着的老橡树——法国最古老的橡树之一。它的树干近根部的圆周有 10 米多，枝繁叶茂的样子让人肃然起敬，虽然有着 900 多年的寿命，却依然毫无支撑地负载着它自身那巨大的丫枝。在这些丫枝中间，耸立着一个木屋子的小尖塔，而树干的根部位置已然空了大半，人们以此修建了一座小型的教堂，用以供奉我们的和平女神。这棵古橡树历史悠久，见证了无数的悲欢离合，神圣与庄严地矗立着，保护着地球上的那块逝者长眠的地方。

"犹尔县海衣公墓内，有两棵大约活了 1400 年的水松，从 1832 年起，它们的枝叶就为墓地和教堂的一部分提供遮蔽。即便此后经过数次狂风暴雨的摧残，这两棵水松始终傲立不倒，虽然它们的树干都空了，但每棵树合抱依然有 9 米之多。

"孩子们，你们是不是认为这已经是很巨大的水松了？可是在苏格兰公墓中却有一棵年龄超过 2500 年的古老水松，树干的圆周算起来大概有 29 米。除此之外，在苏格兰的另外一处公墓内，还有一棵水松早在 1660 年就因为它的巨大的外形和超长的年龄而在全国范围内弄得沸沸扬扬。因为据当时的估算，它的年纪起码有 2824 年，如果它能活到今天，那么这位欧洲的树祖宗存在于世的时间已经超过 3000 年了！

"今天就讲到这里吧。好的，孩子们，你们现在可以自由讨论了！"

"太难以置信了，叔父！"喻尔说，"你知道吗，这些古树的故事听得我简直是热血沸腾！"

"那个苏格兰墓地中的老水松真的已经存在 3000 年了吗？"克莱尔问。

"哈哈，是的，3000 年，我的好孩子。这是真的，假如我再多说点，把一些国外的树木讲给你们听的话，你们就会发现其实还有好多树的年纪竟然与人类的历史一样古老呢。"

十、动物的寿命

老树长寿的故事带给孩子们的震撼远远不止这些，就在其他孩子仍对古树的高龄意犹未尽时，向来古灵精怪的艾米尔提出了一个更进一步的问题：

"那么动物呢，叔父？"他问，"它们是不是应该比老树活得更久？"

"噢，我的孩子，你的这个问题好极了。"

"动物和树木并不一样，"保罗叔说，"动物受人类活动的影响更大，通常我们所养的畜禽根本无法活到自然死亡，这主要是因为我们人类的日常生活需要畜禽的供养，而生产生活有时候也需要它们的协助。我们要从它们身上获得乳汁、获取毛皮、得到食物，甚至是需要它们耕田劳作、交通载物。可见，它们为了我们需要做出牺牲。假使一只动物平时不必忍饥受冻、既不劳累也不会遭到惊吓，它可以活多少年呢？"

"孩子们，就让我们以这头牛为例，"保罗叔指着不远处的一头牛说，"它是多么强壮啊，拥有结实的胸膛和有力的四肢。尤其是那个大方额头生出的两只坚硬的牛角，就连眼睛都会闪出庄严而强有力的光芒。如果说寿命的长是因为强壮，那么这头牛起码也要活上 100 年哩！"

"难道不是吗？"喻尔问。

"那样算可就大错特错了，如此强壮的一头牛最多也不会活过 30 年。30 年恰恰是我们人类最好的青年时光，而对于一头牛来说已经是垂垂将死了。

"然后我们再说说马。这些都不是虚弱的动物，关于马以及和它们最亲近的同伴——驴，它们之中很少有可以活过 35 年的。"

"真的吗！"喻尔突然大叫起来，"我原以为牛、马、驴这些身躯高大强壮的动物一定可以活上 100 年呢。"

"我的孩子们，我希望你们可以懂得，在这个世界上并不是身高体壮、占地很广、拥有资源更多的人就一定可以平安长寿。世界上有许多人霸住相当多的资源并且紧紧攥住不肯放手，其实并不是因为身体消耗巨大而迫使他们需要这么做的——仅仅是为了满足他们的虚荣心和巨大的野心。然而，他们这么做了就一定可以长命百岁吗？我看未必！我始终认为积极乐观地享受生活，保持内心的宁静，避免人生受惑和野心的膨胀，减少不必要的追逐，是我们活得长久的唯一方法。

"好了，孩子们，咱们再说说其他畜禽的寿命吧，它们的寿命可能更短。由于鹅是那种事事不关心、整天活得乐呵呵的性情，因此鹅的寿命相对较长，一般能活 25 年，甚至更久一些；狗活到 20 岁以后便再也无法竖着尾巴满街乱跑了；猪最多可以活 20 年；我们的朋友、可爱的小猫咪最多活 15 年，此后便不能上蹿下跳地捕鼠了；还有山羊和绵羊，可以活 10 到 15 年；鸡、珍珠鸡、火鸡，有 12 年可活；对于兔子来说，8 年或 10 年已经是相当高寿了；最后是老鼠，最多只有 4 年的寿命。"

"那么，你们想听听鸟类的寿命吗？"

"想！"孩子们齐声回答了保罗叔。

"鸽子一般能活 6 到 8 年，"保罗叔开始讲起来，"金翅雀、麻雀等各种飞鸟通常都是自由自在地生活，吃很简单的食物，在大自然中飞来飞去，所以它们可以和鹅一样活到差不多的年龄，可活 20 到 25 年。这其实跟一头牛的年纪相当，刚才我说过，在这个世界上，寿命长久的并不一定是庞然大物。

"至于我们人类自己，假使一个人平时过着有规律的生活，经常会有人活到八九十岁，有时甚至可以达到 100 岁或超过 100 岁。但是人类的平均年龄不过 40 岁左右。从某种意义上说，可以活过平均年龄的人都是幸福的人。此外还有最重要的一点，孩子们：作为一种有思想的高级动物，人类寿命的长短，其实不能完全依靠年龄来衡量。"

"还有什么，叔父？"喻尔问。

"如果你无法带着愉悦去生活，那么每一天你仅仅只是度过了它，这样的每一天都不是属于你的。如果有一天，我们不得不离去，能够让自己心安、能够受到他人的尊重，如此，即使在任何时候死掉，其实也都是长寿的。"

金 属

十一、锅和灯具

保罗叔家有个习惯，恩妈定期会把家里的锅和灯具拿出来，到池塘里清洗一番。一天，恩妈照例从架子上搬下了汤锅、小锅、灯盏、烛台、蒸锅等，还有几个盖子，她仔细地把上面的细沙和灰一一擦净。

孩子们围在恩妈身边，看着那些被擦干净的锅和灯具重新焕发出它们原本的光彩。做工精致的汤锅泛着紫红色的光芒，烛台则显出耀眼的黄色。

克莱尔和喻尔两个小家伙东摸摸西看看，而艾米尔已经看呆了。

"我想知道这个汤锅是用什么制成的，竟然有这么漂亮的光彩。"艾米尔说。

克莱尔和喻尔面面相觑，他们谁都回答不出来，"看来这个问题必须要去问一问保罗叔了。"

"那我们还等什么呢？"艾米尔说。

三个孩子像是发现了新大陆一般，飞快地跑起来，他们迫不及待地要见到自己的叔父。

"那个汤锅是紫铜做的。"保罗叔回答道。

"那么紫铜又是用什么东西做的呢？"活泼伶俐的喻尔接着问。

"我的孩子，紫铜与汤锅不一样，它不是被人类制造出来的，而是大自然的产物，是大自然馈赠给人类的财富。"保罗叔摸了摸喻尔的头，继续说道，"大自然养育了我们，它把人类生活和生产所需要的很多原材料放进自己广阔的胸怀里，这些东西是人类无法制造出来的，但是我们可以利用它们。

"而紫铜被大自然藏进了大山的肚子里，人们通常需要挖一条长长的坑道，只有深入进去才能够找到它们。

"在那里劳作的人们被称作矿工，他们需要将含有紫铜的巨石破碎，然后一点点地搬运出来，而那些内含紫铜的石头，名叫矿石。然后人们会将这些矿石放在一个温度被烧得很高很高的大炉子中。只有温度超过1083℃，紫铜才会熔化，从矿石中分离出来。你们想想看，水只要100℃便可以沸腾了。1083℃会是多么高的温度。"

"哇，1083℃！"喻尔惊叹道，"然后就可以用它做汤锅了吗？"

"还不行，我的孩子，"保罗叔说，"从矿石中将紫铜冶炼出来之后，还要经过一只由水力或电力制动的轮盘带动的巨锤进行敲打。等紫铜一点点薄起来之后，接下来才是铜匠们的工作。铜匠会将打薄之后样子不规整的紫铜进行锻造，主要是用一些小锤子继续敲打，直至在铁砧上做出一个完美的样子出来。那可能是一个盆，也可能是一口锅。"

"喔，所以我们才看到铜匠一天到晚用一个锤子不停地敲打。"克莱尔恍然大悟道，"每次路过铜匠铺时，总会听到'当当当'的嘈杂声，原来他们是在把铜打造成各式各样的用具呀！"

"如果锅底破了个大洞，是不是就没什么用了？我曾听恩妈说她卖掉过一只破锅子。"艾米尔问。

保罗叔答："这样的锅子被铜匠们买去熔化掉，重新敲打出另外一口锅。"

"那铜是不是会有损耗呢？"喻尔问。

"是的，你真聪明，孩子。"保罗叔微笑着说道，"一部分铜会在用砂打磨时被消耗掉，还有的会在火烧的时候产生损耗。"

艾米尔问："我曾听恩妈说过，她要将一个掉了脚的灯盏拿去换掉，那灯盏是什么东西做的呢？"

"是锡做的，"保罗叔说，"与铜一样，地球上的锡也是人类无法制造出来的。"

十二、金属

"铜和锡都是金属，"保罗叔继续讲，"而金属富有延展性和光泽。简单来说，铜和锡之类的金属可以经得起锤子的击打却不折断，并且能够强烈反射可见光。这就是为什么大家看到汤锅和烛台全部泛着耀眼光芒的原因，那是金属的光泽。"

"原来如此。"克莱尔若有所思。

"世界上还有许多其他的物质也具有这种属性，因此这些物质都叫作金属。"

"那么很重的铅也是金属了？"艾米尔问。

"铁也是吗，金子、银子都是吗？"喻尔也问。

"是的是的，这些都是，孩子们。"保罗叔继续说，"别忘了，它们身上拥有的那种特殊的光芒，那是金属光泽。但颜色各有不同，比如铜是红色的，金是黄色的，虽然银、铁、铅、锡都是白色的，其实那也是有区别的。"

"烛台在阳光下闪着耀眼的金黄色，它是金子吗？"艾米尔问。

"不不不，我的孩子，那是黄铜做的。"保罗叔说，"虽然黄铜闪耀的光彩是黄色的，看起来与金子差不多，但它们之间还是有着本质区别的。在我们平时的生产和生活过程中，经常会将两三种甚至是更多种的金属熔合在一起，以改变这些金属的颜色、成分以及属性，从而满足我们生活和生产过程中的需要。这样便创造出了一种新的金属，人们称之为合金。"

"比如，把紫铜和我们花园喷壶中的白色金属——锌，熔合在一起，就可以生出黄铜。因为由黄铜做成的烛台虽然有金子般的颜色和光彩，其实却是紫铜和锌混合起来的。"

"那么人们该如何辨别哪个是金子，哪个又是黄铜呢？"喻尔问。

"孩子，这是个好问题。"保罗叔看着喻尔说，"镇里的集市上，经常有小商贩在卖一些假的金戒指，它的色彩确实是可以骗人的。但黄铜和金子的重量却有很大的不同，金子要比黄铜重得多，只要大家记住这一点，以后就不会轻易受骗了。在我们常用到的金属中，它是最重的，其次是铅、银、铜、铁、锡，最后是锌，那是最轻的了。"

"叔父，你刚刚提到想要使紫铜熔化，"艾米尔插嘴说，"需要把炉火烧得很旺很旺，这令我想到去年冬天我的小铅兵遇难的故事了。当时我将你给我的小铅兵整齐地摆放在并不十分灼热的火炉上，不到一会儿工夫他们纷纷摔倒瘫软，直至熔化成一道道铅流。我猜想，不是所有的金属都能像紫铜那样经得起高温火烧。"

"我也记得，有一次恩妈不小心把灯盏放在了炉子上，像指头般大的锡很快就不见了。"喻尔补充道。

"是的，你们说得对，锡和铅都是极易熔化掉的金属，还包括锌，我们炉子的温度已足够将它们熔化了。"

保罗叔继续说："但金、银、铜、铁则需要很高的温度才能将它们熔化，尤其是铁这种金属，比其他的更耐热，因此对人们是非常有用的。你们看，我们用的铲、钳、炉格、火炉等都是铁做的。这些东西平时常与火亲近，但不会化，甚至不会软。"

"弄软铁，以便打出我们想要的东西来，需要铁匠风炉里最大最猛的火力。并且在敲打的过程中，常有敲不动的时候，为此还要回炉。可见，铁虽可弄得软，但着实需要达到很高的温度才行。"

十三、搪金属

隔天，恩妈把家里的旧汤锅卖给了几个流动的铜匠商贩，并请他们重做那只在炉子上熔掉了脚的灯盏，以及给两只紫铜锅子重搪一层锡。

接到生意的工匠们就地露天生起了火，他们用自带的风箱把火烧得极旺，在将掉脚的灯盏和一些锡片放进一只大圆铁罐子里熔化成锡水后，全部倒进一只模型里面，待冷却后倒出来，一只灯盏已经粗具规模。接下来是打磨，因为这个灯盏还比较粗糙，铜匠们搬出车床，继续对它进行磨光处理。车床飞快地转动起来，灯盏身上的锡被一点点小心翼翼地削着，薄薄的一层锡皮陆续滚下来，好像一圈圈小纸屑。不多一会儿，精致光亮的灯盏便做好了。

紧接着就是给那两口紫铜锅镀锡了。铜匠们先用砂把铜锅内部擦净磨光，等到铜锅在火上烧热之后，才用一小块熔化掉的锡擦它。很快，原本还是红色的紫铜锅已经闪着耀眼的白光了，熔化的锡与锅子上的紫铜完全贴合。

艾米尔和喻尔一边吃着他们的苹果和面包，一边不动声色地看着眼前这神奇的事情。他们打定主意一会儿要问问他们的叔父，为什么要把红色的紫铜锅变白。

晚上，孩子们果然围在保罗叔的身边。"打磨好的铁其实是很光亮的，"保罗叔说，"你们见过新刀吗？起初，刀身是闪闪发光的，刀锋是尖利无比的；可渐渐地，光芒会逐渐暗淡下去，锋芒也会一点点减弱。取而代之的是一层红色的屑末，我们管这些叫——"

"铁锈。"克莱尔插嘴说。

"说得对。"

"花园墙面上不断向上爬的牵牛花攀住的铁钉和铁丝，也盖上了这种红皮。"喻尔说。

"还有我在地上找到的旧刀，也满是这种东西。"艾米尔不甘落后地插进来。

"这些东西之所以会生锈，是因为它们与空气接触的时间过长，在这个过程中，潮湿的空气和铁渐渐地发生了化学反应，从而将铁腐蚀。铁生锈之后，被一些红色或黄色的土屑似的东西包裹起来，便无法发挥自己最大的作用了。"

"有许许多多的金属都会像铁一样生锈，它们在空气中被放置久了，就会变成一堆渣滓般的东西。而锈的颜色也因不同的金属而各异，例如铁的锈有黄和红二色，铜的锈是绿色的，铅或锡的锈则是白色的。"

"这么说来，古钱上的绿色就是铜锈喽？"喻尔问。

"盖在抽水筒嘴上的白的东西，是铅锈吗？"克莱尔问。

"不错，孩子们，你们说得很对。"保罗叔说，"那么，你们知道锈的坏处都有什么吗？"

孩子们纷纷摇头。

保罗叔继续说："锈除了会使金属暗淡无光之外，它最大的危害就是有毒。当然，有的锈是没有毒性的，即使不小心被我们吃到，也不会有什么危险……"

"我知道，铁锈就是没毒的。"喻尔兴奋地插话道。

"没错，"保罗叔说，"铁锈确实是没有毒的，但铜和铅的锈就不同了，它们都是可怕的毒药。铅很容易熔化，不能放在火上，所以厨房里的用具很少会用到它。但现在很多家庭仍旧会使用铜制的锅具，如果你们一不注意误食了铜锈，将会遭受很多痛苦和折磨，严重的话甚至会有生命危险。"

"所以今天早上，恩妈会让那些铜匠来给家里的锅子镀锡。"喻尔说道。

"那么为什么镀的是锡而不是其他的呢？"艾米尔问。

"在普通金属中，锡是最不容易生锈的。给铜锅镀锡确实是为了阻止铜锈的生成。要阻止铜锅不被那些有毒的绿色斑点——也就是铜锈所污染，必须设法使它不跟空气接触。在铜锅内镀上一层薄薄的锡，它便不会生锈了。因为锡是不易变化的金属，即使把它长久地置于空气中，也很少会被潮湿的空气腐蚀；即使产生了极少量的锈，也是和铁锈一样无毒的。"

　　"所以孩子们，你们可以放心了。"保罗叔冲着孩子们眨了眨眼睛。

　　"那么铁呢，叔父？"克莱尔问，"你说过铁锈是无毒的，可我还是见到有人也会把铁镀起来。"

　　保罗叔说："虽然铁锈无毒无害，但人们通常为了防止铁器被腐蚀变质和失去它原有的光泽而镀锡。这种镀了锡的铁就是我们常说的马口铁。所以马口铁就是给一块薄薄的铁片穿上一件锡的衣服。许多东西都是马口铁做的，有咖啡罐、蒸肉盘、香烟盒等等。"

十四、金与铁

　　"那么，有没有永远不会生锈的金属呢？"克莱尔问保罗叔。

　　"喻尔，你认为呢？"保罗叔问。

　　喻尔："应该会有吧。"

　　"会是哪种金属呢，孩子们？"保罗叔又问。

　　一时之间，鸦雀无声。

　　"有种金属确实是永远都不生锈的，那就是金。"保罗叔说。"孩子们，你们想想看，当人们发现宝藏，可能在地底下已经埋藏了几百年，但将它们挖出来的时候，那些金子或金币是不是仍然闪烁着灿烂的光芒呢？"

　　"金是人类最早使用的金属，比铁、铅、锡等更久远。大家晓得其中的原因吗？"保罗叔问。

　　"是因为金子不会生锈。"喻尔说。

　　"是的，孩子。与铁相比，金并不会被水、火、空气这些东西所腐蚀。"保罗叔继续说道，"即使把它埋在最低湿的地方，也不会改变它的光彩，于是人类才用它来做日常的首饰和钱币。"

"至于铁嘛，当我们从地下挖到铁器的时候，都是锈迹斑斑的样子。铁锈得太快，只要我们稍不小心，它就会变成一堆红土。现在我要问克莱尔，从地球肚子里取出来的铁矿石，是不是和我们平时用的铁一样？"

"大概并不是，因为如果是我们平时用的铁，当人们把它开采出来的时候一定已经被消磨得不成样子了。"

"很好！"

"那么金呢？"保罗叔问喻尔。

"我想金与铁是不一样的，因为金子不会生锈。"喻尔说。

"说得不错！"

"通常，金子会极少量地分布在部分的岩石中，它的光泽度与克莱尔现在正戴着的金耳环并无很大的差别。相反地，当人们开采到铁的时候，它可能是一个泥土块、是一块红色的石头，铁被包裹其中，我们见到的只是铁被其他物质腐蚀后的铁锈。因此，我们必须找到一种方式，把矿石分解，使铁恢复其原本的模样。人类用了很久、费了很大的力气才找到这个方法，所以铁的使用，远在金和其他金属如铜、银等之后。但最有用的金属，偏偏最后才得以被人类使用。自从人类开始使用铁之后，我们人类的文明取得长足的进步，终于成为世界的主人。"

"为什么这么说呢？"喻尔问。

"铁，因为自身的耐损耗和抗破坏性，使它既具有分裂其他物质的坚硬性，又有能承受其他物体打击的抵抗性。举个简单的例子，一个或金子或石头制成的砧墩，根本无法像铁做的砧墩那样经得起铁匠锤子的打击；另一方面，那锤子呢？假如不是铁的而是铜、银或金甚至是石头打造的，它会在短时间就被或打平或破裂，因为这些物质缺乏坚硬性，而恰恰铁可以胜任。因此，铁是大自然赐给我们人类的最伟大、最贵重的礼物，是做工具的完美材料，成为人类各种技术和工业上的必需品。"

"克莱尔和我在一本书上曾经读到，"喻尔说，"西班牙人发现了美洲，当地的野蛮人争抢着拿自己金质的斧头与西班牙人交换一柄铁的。当时我笑他们愚笨，竟会用昂贵的物品去换一个廉价的物品回来。现在说来，这次交易对他们其实是有利的。”

"从这个角度去看，确实是这样的。对于野蛮人来说，一把铁斧头确实要比一把金斧头更有使用价值，他们可以用这把铁斧头砍倒大树，做成独木舟和房屋，也可以用它来狩猎，更好地获取衣物和食物。相对地，金斧头只不过是一个毫无用处的玩具而已。”

"既然铁是最晚被使用的，那么在此之前人们怎么办呢？"克莱尔问。

"铜！人类是用铜来做生产和生活用具的。铜介于金和铁之间，比起铁来更容易获得，又比金相对较硬。但铜作为工具比较笨重，因此实用价值在铁之下。"保罗叔继续道，"从铜到铁，当然是人类的一大进步，但不要忘记了，从石头到铜也曾是人类的一大进步。因为在使用铜这种金属之前，人们唯一的武器只是将一块磨得很尖的石头绑在一根木棒上，就是利用这种武器，我们人类才得到了食物、衣服、房屋，可以保护自己不被野兽侵犯。那时候人的衣服是一张兽皮，横披在背上；居所仅仅是一间用树枝和泥编成的茅屋；食物是野果和野兽的肉，人们根本不懂得如何圈养家畜；土地都荒废着；没有任何工业。"

"那时的人们太困苦了！"克莱尔说。

"人类在铁的帮助下，得到了我们今日所享受的一切，大自然给予我们这样的一种金属，是多么伟大啊！"

保罗叔刚讲到这儿，就响起了敲门声，是杰克。喻尔跑过去开了门，两个人说了几句悄悄话，那是关于明天的一件重要的事情。

布与纸

十五、羊毛

按照昨晚的约定，老杰克一早便忙活起来。在一个架子的两块斜板上，横卧着几只被五花大绑的羊，它们的脚都被绳子紧紧捆住了，只得乖乖地躺着，听任老杰克的摆布。老杰克手持一把大大的钢制剪刀，一步步逼近斜板上的羊。那几只羊要被宰掉了吗？不，它们只是要被剪毛而已。

老杰克握住其中一只羊的羊脚用力一拉，这只羊便被放到了剪羊毛架的两条斜板之间，咔嚓咔嚓，在老杰克剪刀的挥动下，一把把的羊毛如雪花般飘落下来，积了厚厚的一堆。当羊毛被剪光的时候，这只赤裸的羊就被松了绑，放到一旁。它似乎因为失去了衣服而感到害羞，又似乎因为没了羊毛的温暖而顿感寒冷，定在原地瑟瑟发抖。此时，又一只羊被放到斜板之间，咔嚓咔嚓，羊毛遍地。

"杰克，你看，刚才被你剪去毛的那只羊正在发抖，"喻尔呼唤着老杰克，"它们没有了毛，是不是觉得特别冷？"

"没关系的，今天的太阳很温暖，我特意选在了暖洋洋的今天来剪。稍事适应后，这些羊就不会想念它们的毛了。用它们短暂的寒冷，来换取我们的温暖，不是很好嘛！"

"我们的温暖？为什么它们没有了毛，我们就会感到温暖呢？"

"哈哈，亲爱的孩子，这些被剪下的羊毛在我们的巧手之下，被织成袜子、编成围巾，甚至做成绒布衣服，温暖着我们的身体。"

"啊哈？"艾米尔有些意外，"这些羊毛看起来是那样的污浊不堪，怎么会变成好看的袜子和衣服呢？而且制作衣服的绒布是那样的鲜艳美丽，可是我却从来没有见过长着花花绿绿毛色的羊呀！"

"是的，这些刚刚被剪下了的羊毛的确很脏，但是你不用担心，它们稍后会被洗得白白净净的，然后被恩妈放进纺车，制成毛绒线，然后再一针一针地织成袜子、手套和围巾，这样等到下雪天你去打雪仗的时候，便不会感到寒冷了。"老杰克接着说，"至于颜色嘛，我们把期望的颜色和药料一起放进沸水中，再把洗净的白色羊毛放进去，等到拿出来时，它就变成了我们喜欢的颜色了。"

"绒布又是怎么来的呢？"

绒布是织成袜的绒线织成的；把这种绒线很整齐地交叉着织成绒布，那必须要用复杂的织机，这些是我们的家中办不到的。那种机器只有在出产绒货的大工厂里才能看到。

"绒布是把毛绒线整齐地交织出来的，这是我们寻常人家所不能完成的，只有在大工厂里才能办到，因为那需要用到复杂且庞大的机器。"

喻尔从上到下打量着自己，"那么说，我全身穿着的衣服都是从羊身上剥下来的啦？"

"没错，为了抵御寒冷，我们必须要穿上毛绒的东西。我们领受了这些可怜畜禽的恩惠，它们不仅把毛给了我们，供我们保暖身体，还把乳汁和肉体也给了我们，让我们喂饱肚子，还有它的皮，给我们做了手套。即使是它们活着的时候也在为我们奉献。公牛付出了它的力气，母牛给我们带来了牛奶还有小牛崽。驴子、骡子、马，也是如此。还有给我们下蛋的母鸡，给我们看门护院的狗。我们要时刻记着它们的恩泽，善待这些可爱的小家伙。但还有许多无良的人，无缘无故地鞭挞它们，虐待它们！每当想起这些，即使还有一口吃的，我也要拿出来和它们一起分享。"

十六、亚麻和大麻

听了老杰克和喻尔的对话，艾米尔便拿起他的手帕仔细端详。他把手帕翻来覆去地观察着，还不时地揉搓、展开。老杰克看出了艾米尔的疑惑，主动说道：

"艾米尔，你的手帕并不是毛绒制成的，那是用一种植物，或许是棉，也或许是大麻和亚麻，这一点我也不是很清楚，但我可以肯定，手帕不是用羊毛制成的。好了，我要专心剪羊毛了，否则，会剪到它们的皮肉也说不定呢。"

晚上，艾米尔和喻尔还在为衣服和手帕用料的事情而费解，于是他们找到了保罗叔，博学的保罗叔果然为他们解开了谜团。

"杰克说得没错，手帕是用大麻或者亚麻做成的，它们是一种植物，外部长有很长的线，不仅坚韧而且又精细又柔软，我们的布都是用它做成的。根据细致程度不同，它们有不同的分工，大麻比较粗糙，可以制成麻袋；亚麻比较细腻，可以用作高档布料，比如麻纱、网纱、纱边等；棉花最为柔软，可以纺成棉布，做成贴身的衣服。"

"我们先来说亚麻，它是一种可以开出美丽的小蓝花的细弱草本，人类最早便是用它做成布。亚麻的纤维非常细微，25厘米左右的麻丝，在纺车上纺起来，可纺成差不多4千米的长线。有时织成的纱布甚至比蜘蛛网上的丝还要细。在法国北部、比利时与荷兰的很多地方，盛产着这种小东西。用它织布的历史非常悠久，在4000多年前的埃及，木乃伊都是用它制成的布来包裹。"

喻尔好奇地问："木乃伊是什么？"

"木乃伊是一种神圣的存在。在古埃及，人们相信人死后灵魂会变成神，因此受人敬仰的人在死去后，人们会设法妥善保管他们的肉体。人们把香料放进尸体里，然后用麻布紧紧地将尸身裹住，再把他放到香木棺椁里，避免尸体腐烂。这种方法非常有效，甚至经历了几千年，尸体仍然可以完好地保存下来。这些被

保存下来的干尸便是木乃伊。"

"哇——"孩子们被深深地震撼了。

"接下来再来说大麻。"保罗叔说，"大麻是一种开有淡淡绿色小花的一年生草本植物，它的茎又粗又密集，而且还很高，差不多有两米。很麻烦的是，大麻有一种不太好闻的强烈气味，严重的时候会令人作呕。不过不用担心，我们只需要它的皮和籽就足够了，亚麻也是如此。"

"保罗叔，我们喂给金翅雀的是不是这种籽呀？"艾米尔说，"我曾经见到金翅雀用嘴把壳咬开，吃掉了里面的种子仁。""没错，小鸟们最喜欢吃大麻的籽了。"保罗叔回答道。

"把大麻和亚麻制作成布的工序相当复杂。在大麻和亚麻成熟的季节，人们先把籽从中挑选出来，接下来便是设法将麻皮丝也就是纤维与麻梗分开。纤维和麻梗之间因为存在胶质，所以牢牢地贴在一起，很难分开。因此，人们常常用水来浸泡它们，胶质被水化开后，麻皮和麻梗自然就会脱离了。这种方法虽然有效却很费时间，最简捷的办法是把大麻或亚麻绑成一捆，投入池塘里，使其充分浸泡。不久便会闻到一股恶臭，不要因此而感到厌恶，相反地，你应该高兴，因为这说明他们已经发生了腐烂，外面的表皮已经脱落，纤维已经随之脱离了。

"接下来的工作便是纺线织布了。他们把成捆的麻解开晒干后，放入'麻梳'，这是一个巨大的木梳，它可以把麻皮丝上的梗屑梳理干净，同时把它们梳成一条条柔美的细线。把这些细线用手工或者机械进行纺织后，便有了织布用的纺线。把纺线整齐地排列到织布机上，纵横交错，织布人手脚配合地控制着织布机，脚下的板子一踏，单数的线便沉了下去，双数的线则升了起来，这时织布人将手中的梭子从线的中间横穿过去，来回往复，如此数次交叉后，一张麻布便织成了。"

保罗叔补充道："原本不起眼的草本植物，如今摇身一变，大麻成了纯美的麻布，亚麻被做成精致的花边，被人们争相购买，做成服装穿在了身上。"

十七、棉

　　"下面来讲讲棉。棉的果实生长在棉枝上，棉是一种有一到两米高的温带灌木草本植物，它的枝丫上长满了黄色的果实，果实的里面包裹着鸡蛋大小的棉团，仔细看会发现，这些棉团是由丝质的棉绒组成的，品种不同，棉团的颜色也各异，有的是雪白色的，有的是浅黄色的。剥开棉团，就会看到棉团的中央有很多小种子，那些就是棉的籽了。"

　　克莱尔恍然大悟，"是的，我在春天就曾看见过这样的棉团，像雪花一样从杨树上飘落下来。"

　　"每年五月，是柳树和白杨树的成熟期。柳树和白杨树都有细小的果实，它们长长的，两头很尖，比针尖大三四倍。像棉团一样，柳絮也是雪白的一朵，藏在果实里，当果实成熟了，柳絮就会像一朵雪白的绒花绽放出来。没有风的日子里，绒絮会缓缓地垂落到树根脚下，皑皑的一片；起风的时候，哪怕只是微弱的清风，也会把绒絮吹得洋洋洒洒，绒絮携着种子一路远行，无论在哪里落脚，都能生根发芽，长出树来。有没有觉得这样的场景似曾相识？还记得紫色的蓟和白色的蒲公英吗？你们欢喜将它们吹散在空中，同时带走了它们丝绒怀抱着的籽啊。"

　　"杨、柳树果实里的絮绒，和棉一样有用吗？"喻尔问。

　　"这一点不太相同。因为杨、柳絮太小了，不便于采集，而且杨、柳絮的绒丝太短了，无法被纺成线。但杨、柳絮对其他动物来说是极好的，它可以是小鸟儿们的棉，鸟儿们用它来铺巢，柔软又舒适。最聪明的当数金翅雀——它把巢建在几根小枝分叉的地方，稳固自不必说，最棒的当属它铺的窝巢，里面用了杨柳的棉絮，用了从羊身上啄来的绒毛，用了蓟上的毛冠，甚至还为它的宝宝造了一个碗状的床垫，这样温暖又舒适的小窝，恐怕就算是贵族们也难以享受！"

　　"棉又是怎么被做成布料的呢？"喻尔问。

　　"到了成熟的时节，棉的果实便会裂开，一朵朵的棉绒从果实壳里迸发出来，人们用手把它一团团地摘下。摘下的棉绒先是被铺在布上晒干，然后用打禾棒来敲散，这样做的目的是把棉从种子和壳上分离开来，当然，如果用某种机器来轧效果会更好。就这样，棉便被一大捆一大捆地运到工厂里，用机器做成棉布。世界上出产棉的国家有很多，比如印度、埃及、巴西，而最大的产棉国是美国。棉是我们应用最广泛的一种材料，在一年间，仅仅欧洲工厂里所用的棉，就有八亿公斤。不要惊讶，这个大数目比起全球的用量要小得多。这小小的一团棉绒，从世界的一端被漂洋过海地运到另一端，经过人们的加工制作，变成了各种可贵的印花布、细棉布和白洋布。不要小瞧了这小小的一尺布料，它的诞生经过了种棉工、纺工、织工、染工之手，其中凝结了多少人类活动呀！

　　"你们常常看到恩妈在纺车上纺羊毛。她把梳好的羊毛分成一根根的卷条，把一个卷条放在转得很快的钩子上。钩子钩住了羊毛开始旋转，把纤维绞成一条线，手指把卷条拿正，线徐徐地缠着卷条被拉长，达到一定长度时，恩妈便把它轻轻地绕在锭子上。同样的方法，棉线也可以像这样纺成，但它一定是很昂贵的，因为这里面凝结了太多的人力和时间。于是，人们便制造了机器。在一间巨大的厂房里，摆列着成百上千架专门纺纱的机器，恩妈的纺车上有的东西机器都有，甚至还要更加精良。机器轰鸣，它们同时快速地运转着，棉绒被数千钩子绞住，无数的纱从一个纱管到另一个纱管不停地来回运转，并且自己在锭子上滚着。只需几个钟头，山丘般望不到头的一堆棉就都变成了整齐的纱，这些纱，甚至可以绕地球好几圈呢。而这些如果都要恩妈来做，恐怕要付出好几年的时间了。要让机器乖乖地为我们工作，所要付出的是什么呢？只是几铲煤而已。我们用煤来将水烧热，水的蒸汽会发动机器，让各部件自动运转起来。如此一来，我们只需要付出极少的代价，就可以得到大量的产品，计算下来，一团棉绒变成棉布，成本只需要几角钱，而种棉人、贩卖人、海员、纺工、织工、染工乃至商人，都可以从中得到不菲的劳动报酬呢！"

十八、纸

　　听得兴起时，克莱尔的一个女朋友来拜访她，要克莱尔教她刺绣。克莱尔意犹未尽地离去后，喻尔和艾米尔请求保罗叔继续讲下去了，并且承诺会把接下来的故事转述给克莱尔。

"我们刚刚说的亚麻、大麻和棉，不仅使我们有了布穿，还给我们带来了另一种功用——造纸。"

　　"纸？"艾米尔疑惑道。

　　"是的，纸，我们用来写字、画画、印刷的纸。你们或许想象不到，练字簿上的精美格子纸，我手中大书的每页纸，还有我书架上那些镶着金边的昂贵画册，都是用破旧的布料制造出来的。

　　"那些污浊的破布是怎么被制成精美的白纸的呢？人们首先要去垃圾堆或者回收站之类的地方收集破烂的布屑，把它们聚在一起后进行仔细的筛选，分门别类地放好，用来做好纸的放成一堆，用来做粗纸的放成另一堆。下一步是非常重要的，要经过充分的洗涤，然后送到机器里去，机器会用剪刀剪它们，用钢爪撕它们，用轮子轧它们，直到把它们弄得粉碎。这还不算完，磨石会把它们研磨成细细的粉末，接下来放入水中，变成灰色的汤浆。我们需要的是纯白的纸，灰色怎么能行呢？这就要借助药品的力量了。只要把药品放下去，灰色的汤浆立刻变得雪白。这时再换用另一台机器把汤浆铺平滤去水分，失去水分的汤浆如毛毡一般。最后一道工序，圆柱形的压力机牢牢地压住这块毡，另外的机器把它烘干，然后磨光。大功告成，一张纸便诞生了。"

　　"我要将这件事原原本本地讲给克莱尔，她一定会惊叫起来的。"喻尔说，"她一定想不到她整日爱不释手的祷告书，或许是用垃圾堆里肮脏的破布做成的，也或许是我们曾经丢弃的某块破手帕，更可能是某个污泥里拣出来的布屑也说不定呢。"

　　"我想乖巧的克莱尔一定很高兴听到这个故事，她一定会明白其中的深意。大自然正在向我们讲述伟大的真理，任何出身卑微的东西，都可以铸就成崇高与伟大的事物。我们要向那些渺小而顽强的生命致敬，努力争取自己真实的价值。所以，即使这祷告书出身低微，丝毫不会减少它在克莱尔心中的崇高地位。"

十九、书

　　"保罗叔，快来说说纸是怎么样做成书的吧！"喻尔说，"我太好奇了。"

"是的，我也想知道。"艾米尔附和道，"保罗叔的故事比我的玩具还要有趣，我宁愿听一整天的故事。"

保罗叔便接着往下讲，"孩子们，一本书的完成需要经历两个阶段，首先是创作，其次是印刷。创作是一个艰苦的过程，不仅要有好的构思，还要及时写作。全神贯注的脑力劳动所消耗的体力，要比体力劳动多好多倍呢。那些致力于写作的人，是极其值得尊敬的。"

"没错，保罗叔，"喻尔说，"我完全认同你所说的。我曾经想要写张贺年卡给你，可是想了很久也不知如何下笔。写作是多么的不易啊！我感到备受折磨，头脑昏沉，满脸通红，就连眼睛也呆滞了。终于，我厘清了语法，才感到稍稍松了口气。"

"可是，喻尔，这样是行不通的。语法只是教我们如何结合词语、怎样关联语句以及其他的简单逻辑组合。虽然它是行文的基础，但它并不能教给人们怎么写文章。有许多人像你一样，脑子里装满了语法规则，甚至熟记于心，却仍然在第一个字上便被难住了。"

喻尔赞同地点了点头。

"我们所写的文字就像是思想的外衣，假使脑袋空空，那么外衣就是'皇帝的新衣'，一片空洞和苍白。当然，更不能写我们思想中所没有的东西，那无异于穿了别人的衣服，不伦不类。只有头脑里充满了思想，再灵活运用好语法规则，就可以写出好文章了。你一定想知道头脑里的思想是怎样得来呢？那需要不断地研究、诵读、学习那些比我们知识更渊博的人们的言论。"

"那么，保罗叔，我听了你刚刚所讲的，是不是也在学习写作呢？"喻尔问。

"当然了，喻尔。如果说在听故事之前，我要求你写一两行关于纸的来历的文章，你可以完成吗？恐怕很难吧。那是因为你的头脑里还没有开始产生关于纸的思想，并不是因为不懂语法。"

"保罗叔，你说得没错，我之前真的对纸的来历一无所知。今天听了你的故事，我才知道棉是一种棉绒，是从一株名叫棉的黄色植物果实里来的。利用这种棉绒能做成纱，织成布；我还知道用旧的破布可以被机器做成汤浆，汤浆被铺成一层，压平、烘干后就变成了一张纸。你看，这些事情我都知道了，可是如果要我写出来，我还是觉得很困难。"

“其实并不难，你只要把刚才告诉我的这些话写下来，就可以了。”

　　“像刚才说的那样写下来就可以吗？”喻尔疑问地说。

　　“是的，不过刚才你在讲的时候并没有考虑语法规则，因此在写的时候还须稍加整理通顺就可以了。”

　　“这样呀，那么我在作文本上要这样写：‘棉是从一株植物的果子里找来的，这株植物叫作棉植株。人们用这种棉做成纱；用这种纱做成布。布被穿坏了时，机器把它撕成粉碎，磨石和了水磨它，做成了一种汤浆。这种汤浆薄薄地铺一层，再加上压力干燥以后，便成了纸。’这样可以吗？”

　　“在你这样的年纪能写成这样，已经非常好了。”保罗叔赞赏道。

　　“可是这样的作文不能写在书里吧？”喻尔有些不自信。

　　“为什么不能呢？我打算要写一本书，把我们的谈话都收录进来。对于像你们一样有着求知欲的孩子来说，这本书一定非常有用。你刚刚的文章将会被放在这本书里。”

　　“太好了，这样我以后就可以经常阅读你给我们讲过的故事了！保罗叔，我在听故事的时候所提的那些问题也会写进书里吗？”

　　“是的，不止你的问题，还有克莱尔和艾米尔的，我要全部都写进去。总有一天你们会懂得，你们强烈的求知欲，是多么的宝贵与美好，它会引领你们走进一片广阔的天地。”

　　“可是，保罗叔，小孩子们读了这本书，是会笑我的吧？”艾米尔天真地问。

　　“那是一定的。”保罗叔逗趣道，“我会告诉他们说：我很爱孩子们。”艾米尔插话说：“我希望他们每个人都有一个‘地汪汪’和几个小铅兵，就像我的一样好。”

　　“你要小心喽，艾米尔，”喻尔提醒艾米尔说，“保罗叔一定也会把你的铅兵都写进书里去的。”

　　“那太好了，让我的‘地汪汪’和小铅兵一起和我被写进书里吧！”

昆虫记

二十、蝴蝶

看，花园里的花丛上空色彩斑斓的各式蝴蝶正在翩翩起舞，让人看得眼花缭乱！它们的前额上一左一右伸出两根精致的触角，头的下面有一张长长吸管状的嘴，这吸管如同发丝一样细，还像螺旋一样弯曲着。只要将这吸管伸直了探入花冠中心，那甜美的花蜜便可以尽情享用了。最引人注目的当属它们美丽的翅翼，就像张开一条硕大的裙摆，摇曳生姿，有的是深浅相间的红色波纹；有的是晕开在浅蓝色底上的黑色圆圈；还有的是硫黄色和橘红色交错的斑斑点点；甚至还有一些是镶着金色花边的纯白色翅翼呢。比起争奇斗妍的花朵，美丽的蝴蝶丝毫也不逊色，你忍不住要去爱抚它了！可当你刚刚触碰到它的大裙摆，手上就会沾染些许细腻的精致粉末，失去粉末的翅翼顿时便毫无生机了。

"让我来给你们介绍一下这些小精灵们吧！"保罗叔开始讲了，"这种在白色翅翼上有三点小黑斑，并且白色翅翼被黑色镶边的小家伙，叫白菜蝶；那种体型稍大一点，黄色翅翼上有着黑色条纹，翅底上有一个铁锈色的大眼睛和蓝斑点的，叫燕尾蝶；还有一种常见的小蝴蝶，上边是天空一样的淡蓝色，下边是银灰色，翅翼上的白圈内缀着黑眼睛一样的小斑点，边缘有一条长长的红斑，它叫百眼蝶。"

"百眼蝶，那它的翅翼上一定长了上百只眼睛，肯定非常难捉。"艾米尔说。

"不是的，艾米尔。虽然它叫百眼蝶，但它和其他蝴蝶一样，也只有在头顶有两只眼睛而已。至于它翅翼上的黑眼睛，也同许多蝴蝶翅上都有着美丽的圆圈一样，只是用来装饰。"

"保罗叔，克莱尔告诉我，蝴蝶都是毛毛虫变的，"喻尔说，"这是真的吗？"

"是的，喻尔。每只蝴蝶在完成蜕变之前，都是一条又小又丑的毛虫，不要说飞舞了，就是简单的移动也只能靠蹒跚地爬行。就像我刚才说的白菜蝶，它最初就是一条绿色的毛虫，只能卑微地躲在白菜上偷吃菜叶。人们为了要保护白菜，还要时常费力地去捉拿这些偷吃的小虫儿。

"昆虫的一生要经历两次大的转变。它们刚从卵里钻出来时是一个样子：体型不健全，笨拙、丑陋、贪吃；将来在某个时刻就会变换成另一个样子：形状完全，轻盈、克制，美丽而灵动。当昆虫在第一种状态时，我们把它叫作'幼虫'。你们还记得'蚂蚁的狮子'吗？就是在玫瑰树上疯狂地蚕食木虱的小虫，它便是一条幼虫，还记得我说过吗？它会变成一只有细纱翅膀、金色眼睛的草蜻蜓。不仅仅是它，还有美丽的红瓢虫、笨拙的六月虫、长着两个鹿角的大鹿角虫……在变成自由的飞虫之前，它们都是又丑又笨、令人厌恶的幼虫。如果说从卵变成幼虫的过程叫作"卵化"的话，那么从幼虫转变到成虫的过程，就叫作'蜕化'。历经蜕化，那些可怜的毛虫变成了美丽的蝴蝶，挥舞着华丽的翅膀色彩，点亮了宁静的花园。

"孩子们，你们一定对灰姑娘的故事十分熟悉。当姐妹们盛装打扮骄傲地去参加舞会的时候，可怜的灰姑娘身着褴褛只得待在家里。神奇的仙母来拯救她了，'去摘一个南瓜来。'变，仙母施展变幻法术，南瓜竟变成了一辆璀璨的马车。仙母说：'把捕鼠机打开。'仙母的法术棒一挥，从里面跳出来的六只老鼠瞬间变成了六匹高大的灰白色斑点马,还有一只长着髭须的老鼠被变成了神气的车夫。睡在水罐后面的六只蜥蜴被变成了六个穿着绿色衣衫的仆人。最令人激动的是灰姑娘满身的破旧衣衫,在仙母的法术之下,变成了光芒闪耀的华贵美服,灰姑娘穿了举世无双的水晶鞋去赶赴舞会了。后面的情形,我就不赘述了,你们要比我更熟悉。孩子们,你们想一想,这位神通广大的仙母像谁?那不正是伟大的大自然吗?他把愚蠢的小虫和其他令人生厌的卑微事物,奇迹般幻化成光鲜亮丽的美好生灵,这真是化腐朽为神奇啊!"

二十一、大吃客

"昆虫和动物有着迥异的生长方式。昆虫在合适的地方产卵,待到幼虫从卵中孵化出来成为一只孱弱的小虫时,它只能靠自己来移动、寻找食物和住处。昆虫的爸爸妈妈大都在幼虫孵化之前就死去了。因此,顽强的小幼虫依靠自己的力量以求存活,它要毫不懈怠地吞食食物,不停地吃、不停地吃,这是它唯一的使命。它拼命地吃不单是为了要增长力气,还要从食物中获取足够的能量,帮助它早日实现蜕变——成虫所有的翅翼、触须和腿,幼虫都是没有的,它们只有通过吃来聚积生出这些部位的能量,倘若少吃一口,说不定将来哪里就会缺去一块。现在我要告诉你们一个奇特的事情,当昆虫长到最后完全的形态时,就不会再长大了,就像你们见过的蚕蛾,甚至不会再吃任何食物了。

"刚出生的小奶猫鼻子是淡红色的,非常小,小得一只手就可以把它握住。一两个月后,它就成了一只活蹦乱跳的小家伙,任何小玩意都可以成为它的玩具,即使是一张纸片,它也会用灵活的脚掌抓来抓去地寻找乐趣。一年后,它就已经长成为一只大猫了,捉老鼠、打架对它来说已经轻车就熟了。但是,无论它是长大的时候还是小的时候,始终保持着一只猫的形状没有改变。

"昆虫就不是这样了。像那些有着大大的美丽裙摆的燕尾蝶,只要完成了蜕化,从第一次挥舞翅翼开始,它便永远都不会再长大了;还有那'六月虫',当它从地下钻出来,见到第一缕阳光,它就会永久保持当时的样子了。也就是说,

世界上没有小的燕尾蝶和小的'六月虫'。"

喻尔忙反对道："不，有一天黄昏，我曾经看见过小'六月虫'，它正绕着杨柳条飞。"

"你看到的不是'六月虫'，而是另外一种小飞虫。它也是如此，永远这么大，不会在某一天长成一只'六月虫'，就如同小猫看上去很像老虎，但它们是两种不同的动物，永远都不会一样的。

"幼虫的大胃口绝对让你们意想不到！它们不仅贪食花草和果实，而且对坚硬的树木和腐烂的尸首也垂涎三分。它们中有特别喜爱啃食橡树和柳树的吃客，肚子强健的能消化掉一块大木头；也有特别钟爱腐烂尸肉的重口味吃客，能在肚子里装满腐败的烂东西；还有特别不计较的大吃客，即使是臭气熏天的粪堆，它们也要去挑拣一番，总能找到心仪的食物……它们把肮脏的污秽东西吃进肚子里，然后把其中的有机成分吸收进体内，扮演着像清道夫一样的角色，清除着地球上的污垢，这是多么的神圣与高贵！为了犒赏它们，大自然赋予它们美好的新生，肮脏笨拙的幼虫变成了美丽绝伦的飞虫，还有一种表皮坚硬的硬壳虫，会发出麝香般沁人的香气，它们如同昆虫中的仙子，光彩怡人又令人敬仰。

"但并不是所有的吃客都为地球做着贡献，有的甚至还在搞破坏。比如六月初的幼虫，它们把植物的根径直咬断，那些可怜的地上植物就一命呜呼了。如果你看到原本茂盛的灌木、谷物、花草，有一天突然枯死了，那一定是这些破坏分子在作祟；还有葡萄园的入侵者——'葡萄虫'，它是一种细小入微的黄虱，躲在泥土下偷偷地啃食葡萄的根，等到被果园的主人发现时，恐怕整个葡萄园早已经面临灭顶之灾了；还有一种小虫，要好几条团团抱住才有一粒麦粒的大小，可不要小瞧这种虫子，它们隐藏在谷仓里，顷刻间便可以把麦粒吃个精光；还有吃紫苜蓿的小虫，破坏起来也毫不留情；另外，那些总是喜欢往火上扑的小虫，常常会把我们的衣服咬成碎片，甚至咬坏我们的家具和木制地板……这样令人头痛的坏虫子，要说起来还有不少。

"这些被我们忽视的小小的昆虫，何以如此厉害？完全得益于它们的大胃口。如果一只小虫不能够引起足够的重视，那么它一旦成功繁殖，则会有成百上千乃至数不胜数的小虫一齐啃食我们的世界，那将是多么的恐怖与残酷呀！所以，我们要时刻提防这些可恶的虫子来破坏我们的环境，在学会提防之前，你们要先学会认清它们哪些是敌人，哪些是朋友。

"孩子们，你们要牢记，昆虫的幼虫是世界上最贪吃的家伙，它们可以是神圣的清道夫，也可以是蓄势重生的新生命。"

二十二、丝

"吃是一只小虫的神圣使命，它要把肚子装满，蓄积足够的力量来经历蜕变。当吃的使命完成后，并不会马上发生蜕变，而是在一个安静的空间里进入死一般的沉睡，就像为新生进行的一场虔诚的洗礼仪式。

"幼虫进行睡眠的处所各不相同，有的只是简单地将自己埋在地下，有的则会挖一个周边光滑的小洞；有的用枯树叶来做它们的洞穴；有的利用沙粒、烂木屑和泥土团成一个空球，睡在里面；有的睡在树干里，用木屑把两端堵严；有的住在麦粒里，事先把麦粒内的粉质吃空；还有一些则随遇而安，睡在树皮和墙垣的细缝里，用一根丝环绕着它们的身子。但有一种本领最大的幼虫，会造起一间很特别的房子，那是用丝做成的，叫作茧。

"人们喜欢喂养一种灰白色的幼虫，它叫作蚕，和我们的小指差不多大小，它会织出许多茧子，茧子又能够被拿来做成丝织品。那么人们是怎么喂养它的呢？蚕的卵是在几间宽敞清洁的房间里孵化出来的，人们在房间里放着许多张芦席，芦席上铺满桑叶。为了喂养蚕，人们种植桑树，那是一种很大的树，只有桑叶可以用来喂蚕。芦席上的桑叶要时常换新的，蚕吞食着桑叶，不断地生长，每长到一个阶段就会蜕换下一层皮。它们的胃口很大，夜深人静的时候，你就能听到它们啃食桑叶的声音，就像骤雨打落在树叶上的声音一般。蚕差不多要经过四五个星期才能长大。待到它们快要结茧子的时候，人们便在芦席上放上一把枯草，它们会陆陆续续地钻到草把中间，然后在身边系上许多细致的丝线，做成一张网，以支持它们的身体，这张网还被用来做织茧的架子。

"在蚕的嘴唇下有一个洞，名叫吐丝洞，那些细致的丝就是从那里出来的。丝在蚕的体内时，是一种又厚又黏稠的汁液，当汁液从张开的嘴唇中流出来时，便像丝一般地抽着，连绵不绝，每遇到风就会变硬。桑叶里有着丰富的造丝所必需的成分，就像牧草里催生牛奶的材料一样。没有了桑叶，蚕就无法吐丝。没有了蚕的奉献，人们就无法制造出精美绝伦的丝织品。

"我们再回过头去说说网中的蚕吧。当它在茧中兢兢业业地做工作时，它的头总会不断地向四周摆动，上前—退后—抬起—低下—向左—向右，它的嘴唇里吐出一根根细丝，细丝环绕着将它的身子团团围住，最后变成了一个像鸽子蛋一样形状大小的房子。起初，这房子是很通透的，全然能够看到蚕在里面工作。渐渐地，细丝越绕越厚，房子也越发坚固，最后便什么都看不见了。蚕在这用丝建成的房子里废寝忘食地工作着，茧内墙壁的厚度不断增加，直到它把肚子里的汁液全部吐完了才会停止。这段奋斗的时光对于蚕而言是何其的艰难和神圣啊！"

"保罗叔，蚕丝又是怎么被变成丝绸的呢？"艾米尔好奇地问道。

"当蚕在那一把枯草上建起透明的房子时，人们便粗暴地把它连同房子一起摘下来，卖给造丝的商人。造丝的商人用烧沸的水将里面还未变成蛾的幼体烫死。"

"为什么要这么做呢？"喻尔插话道。

"如果不去管它，用不了几天，茧内的蛾就会戳破了茧壁钻出来，茧就会被戳破，蚕丝就断了，便不能用来抽丝了，因此要及早地遏止它。茧子是在一种名叫缫丝厂的工厂里缫起来的。人们把茧子放在一罐子沸水里，把阻止缫丝的胶质都溶化了。工人们手执一把小草帚，在水中搅动着，他们要找出丝的头，以便放在转动着的缫车上。在机器的转动之下，丝便这样地缫在车上，而茧子则在热水中上下翻腾着，就像你们经常看到恩妈在一团绒球上拉着线头的情景一样。等到缫完茧子，那中间被烫死的茧蛹便被剥离出来了。缫好的丝经过多种工艺处理，柔软而富有光泽；接下来，放入染缸，就变成了人们想要的颜色；最后，这些色彩艳丽的丝被织起来，便成了丝绸。"

二十三、蜕变

"倘若没有被人为摘去，会是怎样呢？蚕将丝吐尽后，茧子就干瘪萎缩起来，

昆虫记

像抽离了肉体的灵魂一般。最早裂开的是背上的皮，接下来蚕要使出几乎所有的力气来拉扯外皮。皮脱下以后，头壳、牙床、眼睛、腿、胃……所有的都被扯去了，丢弃在茧的一角。被脱光以后是什么呢？是一只崭新的蚕吗？还是一只挥舞着翅膀的花蝴蝶呢？都不是的，而是一个蚕蛹。那是一种像杏仁一样一头圆圆的、一头尖尖的东西，有着皮革一样的外层。这是蚕虫成为蚕蛾之前必经的形态。如果你仔细观察，甚至可以在圆圆的一头看到两根触须，两侧的两撇翅翼交叉着折在背上也隐约可见，那是它将来变为成虫时的形状。

"几乎所有的昆虫都要经历这样的过程，六月虫、山羊虫、鹿角虫和其他的一些硬壳虫也不例外，有些形状还会显现。头、翅膀、腿等各部分都很容易辨识。它此时软而白，像水晶一样澄澈，这时叫作'活动蛹'。这里我要告诉你们，'蛹'是蝴蝶类昆虫的一种称呼，而'活动蛹'则是给其它昆虫的称呼。

"只要温度适宜，不出两星期，蚕的蛹就会像熟透的石榴一样绽裂开，蚕蛹便会借机从裂壳中逃脱出来。新生的蚕蛹像刚出生的孩子一样潮湿、无力，它的腿颤抖着无法直立，它的翅翼紧贴在身上无法打开。它要从茧中挣脱出来，可是要怎样做到呢？当蚕作茧的时候把这房子建造的是如此的坚韧，而新生的小家伙又是这样的柔弱，难道要作茧自缚了吗？"

"它用牙齿咬破茧子可以吗？"艾米尔问。

"如果它有牙齿的话，或许可以。可事实上它没有牙齿呀，只有一张柔软的长嘴，毫无力气。"

"那用爪子可以吗？"喻尔建议道。

"这是一个很好的主意，遗憾的是它也没有爪子。"

"我知道它最终一定会出来的。"喻尔坚信道。

"是的，它是多么努力地想要出来呀！出生是生命中的最艰难的时刻！每个物种都是如此。小鸟要挣破蛋壳，于是长出了一个尖尖的嘴巴，以便把蛋壳啄破；但是柔软的蚕蛾没有坚硬的可以破开茧的东西。那怎么办呢？——我现在要揭开谜团了！那是你们搅破脑汁也猜不到的工具。它用的是它的眼睛——"

"眼睛？"克莱尔惊叫道。

"是的，昆虫的眼睛上都长着一个透明的类似尖角帽子样的器官。它不但坚硬而且有很多角面，就像一根根的骨头。当然，这器官用肉眼是无法看到的，因为它们实在太细小了。聪明的蚕蛾在它准备破茧的地方吐上一口唾液，这地方便会因为潮湿而变软了，接着它就开始用那些角面锉啊、推啊、钻啊、擦啊，就像用一把锋利的钢刀在一条条的丝上滑动。不用太多力气，就成功破茧了！孩子们，你们看，动物有时比聪明的人类还要智慧呢！"

"想出这样一个好方法，蚕蛾一定研究了很多年吧？"艾米尔问。

"事实上蚕蛾并没有做什么研究，它也没有思考，只是在遇到困难的时候，马上就知道该怎样解决。"

"那它破茧以后一定很美丽吧？"艾米尔接着问。

"不是的，艾米尔。蚕蛾并不像蝴蝶那样美丽，它全身白色，没有好看的大翅翼，肚子鼓鼓的，很笨重。还没等它钻出茧后尽情观赏一下外面的世界，它便开始产卵，之后就死去了。蚕的卵，叫作蚕子。蚕子到了第二年，就可以孵化出新的蚕。为了得到蚕子，人们并不会把所有的茧子都用沸水烫死，他们会留出几个茧子，以便养出蚕蛾。孩子们，你们要记住，昆虫的所有蜕变，都要经过卵、幼虫、蛹或活动蛹、成虫四个状态。然后成虫产卵，又周而复始地将生命延续下去了。"

二十四、蜘蛛

一天早上，恩妈像往常一样地在给一窝刚孵化出生的小鸡喂食。突然，一只灰色的大蜘蛛，沿着它所编织的长丝滑下来，一直爬到恩妈的肩膀上。显然，恩妈被这个生着长软脚的小东西吓了一跳，不禁惊叫起来。只见她不停地摇摆肩膀，直到那蜘蛛坠落下来。恩妈赶紧过去，一脚把它踩死了。

"真是倒霉！"恩妈说。

保罗叔和克莱尔就在此时走了过来。

"只是蜘蛛而已，不是吗？"保罗叔说。

"不是的，主人！"恩妈看了一眼保罗叔，"俗话说：'蜘蛛见在早，披麻又戴孝；蜘蛛见在晚，快乐而开怀。'人人都知道，大清早见到蜘蛛是一个倒霉的预兆。我们的小鸡危险了，猫儿也许会抓它们呢。主人，若你不信，报应可能马上就会来临。”

"把小鸡放在妥当一点的地方，多提防着猫儿，这样就可以了。至于那句关于蜘蛛的俗语嘛，只不过是一种很愚笨的成见。"保罗叔说。

恩妈和克莱尔都知道，对于任何事物，保罗叔都有他自己的一套道理。只要有机会他就会赞美大自然，一切生物，无论它们的个头巨大或渺小、对人类有利还是有害，在保罗叔眼中，它们都有很大的功劳，都有各自的天职，都值得人类对它们观察和研究。从某些方面来看，保罗叔简直就是生物们的律师，因为他甚至曾为癫蛤蟆辩护过。

尽管如此，克莱尔还是忍不住问了保罗叔一个问题："蜘蛛是很可怕的东西，有时候是有毒的，而且它编织的网经常会布满天花板，扰乱我们的视线。对此，叔父还有什么话能为蜘蛛赞美呢？"

这时候其他的孩子也围了过来，他们在等待着保罗叔讲关于蜘蛛的故事。

"蜘蛛可以编出很整齐的网，在谷仓一角、在两棵灌木之间。你们三人中谁能告诉我蜘蛛网是用来做什么的？"

艾米尔第一个说："这是它们的家，叔父，是它们躲藏的地方。"

"是躲藏的地方！"喻尔叫起来，"但我想还不只如此。有一次，我在紫丁香花的树枝间，听到一阵尖锐的小声音——'微……'原来是一只金苍蝇，触在网上挣扎着想脱逃，那是它的翅翼在不停地鼓动的声音。很快就有只蜘蛛从丝做的漏斗中央爬出来，捉住了那只苍蝇，然后带回洞里，很明显是要把它吃掉。我想蜘蛛网也是用来猎食的。"

"没错！"保罗叔说，"所有蜘蛛都要吃活的东西，它们的主要食物是苍蝇、蚊子以及其他昆虫。如果你们讨厌蚊虫叮咬，那么就该赞美蜘蛛，蜘蛛尽力为我们驱逐它们，使我们少受其害。而要捉住那些小东西，蜘蛛网是个不错的选择。

"在蜘蛛体内，有种像蚕丝一样的东西，如胶水般黏黏的物质。这种东西一旦从蜘蛛体内出来遇到空气后，便凝结变硬，成为一条线，这时水便不能再对它产生影响了。当蜘蛛要编网时，那丝汁会从胃底四个乳头里流出，这四个乳头名叫丝囊。乳头的尖端有许多小孔，至少有一千个。每一个小孔流出一丝细滴汁，汁马上变硬而变成丝；一千根丝汇合起来绞成一总根，就是最后所成的一根丝。

这些丝实在是非常精细，细得我们刚好看见，即便是质地最好的丝，与蛛丝比起来，也不过是三四股绞起来的粗绳而已。

"要把蛛丝绞成一根头发粗细，需要多少蛛丝呢？约十根，需要丝囊的各个孔中流出一万根细丝。这是何等稀奇的事物啊，我的孩子们。然而这样的丝，蜘蛛只是用来捉一只苍蝇，当一顿饭吃！"

二十五、大蜘蛛的桥

听了保罗叔的话，蜘蛛在孩子们的心中已变得不是那么可恶了。保罗叔继续讲道："蜘蛛的腿像一只木梳，生有利齿般的小爪。当它要用丝时，脚爪便从丝囊里把它抽出来。倘若要爬下来，像今天早上从天花板上爬到恩妈肩膀上似的，蜘蛛会把丝的一端黏住它离开的地方，然后沿着丝笔直地垂下来。丝因蜘蛛的重量而从丝囊中抽出来，蜘蛛很安稳地吊着，它要降得怎样低都可以，快慢也可自如。它要上去时，便沿着丝爬上去，用两腿把丝折成一束。若想再次降下来，只需把折好的丝束一点点地放开来即可。

"确切地说，不同种类的蜘蛛有着不同的编网方法，这取决于它们各自的特殊倾向、口味和天性。有一种身上有着黑黄色和银白色美丽花纹的大蜘蛛专门猎食一些灯芯蜻蜓、蝴蝶和大苍蝇，所以它们通常会把网编织在两株树之间，甚至是横跨小溪流的两岸。

"大蜘蛛爬上水边的一株杨树上。它在那里思考着，这是一个大胆冒险的计划，执行这种计划似乎是不可能的。蜘蛛是不能从小溪里游过去的；假使它敢于冒险下水，则一定溺死无疑。但它必须从这一树的顶上，架起它的吊索桥，直通对岸。就连工程师从来都没有碰到这样的难题。这个小东西会怎么办呢，孩子们？"

从岸的一边到另一边造一座桥，既不经过水面，也不移动到别的地方去吗？"喻尔问。

"假使这蜘蛛能够做到，那么它比我还要聪明了。"克莱尔说。

"动物往往比我们更聪明，"保罗叔说，"大蜘蛛究竟是如何做到达对岸的呢？这真是件既神秘又简单的事情。原来大蜘蛛看准时机，用后腿从丝囊里抽出丝来，那丝越抽越长，直到从杨柳顶上飘出去。微风会把飘摇不停的丝头，吹到对岸的树枝上。这丝头有一种神奇的力量会在对面树枝上黏住。大蜘蛛只要把丝拉紧，伸直，一座吊桥便架成功了。"

保罗叔说话的时候，一旁的恩妈都将手中的针线活停下了，仔细地听着。

"这么容易就成功了！"喻尔叫道。

"可惜我们之中谁也没想到。"克莱尔说。

"是的，很容易，但也很巧妙。巧妙之处恰恰就在于方法越是简单，越需要有精确的标准。很多时候，简单就是聪明，复杂便是蠢笨。而大蜘蛛的建筑本领完全是科学的。"

"可是，动物是没有理性的，这么科学的方法会是跟谁学来的呢？"克莱尔问。

"我的孩子们，没有任何人教过大蜘蛛这个方法，这是它们的本能，是与生俱来的生存手段。这下，你们大家还会不会觉得这么聪明的蜘蛛是令人讨厌的呢？"

这次，保罗叔又成功地为大蜘蛛进行了辩护。虽然大家都不说话，但是包括恩妈在内的所有人，谁也不再认为蜘蛛是可怕的动物了。

二十六、蜘蛛的网

次日，小鸡们在老母鸡的带领下在田地里散着步，它们一边咯咯咯地叫着，一边从老母鸡的嘴上取食。所有的小鸡都是健康的，这种情形使得恩妈放下心来，她永远放弃了那句关于蜘蛛的俗语。到了晚上，保罗叔继续讲大蜘蛛的故事。

"那横跨河两岸的第一根丝，是靠风力飘到河对岸的，也是做蜘蛛网的主丝，这根丝必须织得特别坚固才行。所以大蜘蛛会把丝的两头系得特别牢固，它不停地抽着丝，然后从丝的这头走到那头，这动作需要重复很多遍，为的是让细丝黏在一起，形成一根粗丝。

"同样的主丝还需要一根，放在第一根的下面，差不多与之并行。因此，大蜘蛛挂在一根从自己丝囊里抽出来的细丝上，从已做好的粗丝的一头笔直地垂下来。当到达较低的树枝后，再把细丝紧紧地系在上面，然后重新回到第一根较粗的丝上。大蜘蛛通过第一根丝爬到对岸，这期间它一直在抽丝，但不把这根新丝黏在第一根丝上。等到了对面，它便再次挂下来，像刚才那样垂落到一根低树枝上，它把从对岸一直抽过来的丝头，系在那里。这是第二根主丝。这两根平行主丝的两端，最后终于被许多从各个方向拉往不同树枝的细丝缠牢固了。所以，在点与点之间，是靠细丝相连，但在两根粗丝之间，会造成一个很大的圆形空隙，而这个空隙便是用来做蜘蛛网的。

"因此这还只是个大致的轮廓，虽然结实但还不够精细。接下来，大蜘蛛要在那个圆形空隙中，放入第一根丝。这根丝的中点会被它作为整个蜘蛛网的中心点，此后的许多丝都是从这个点向各个方向铺开，有着相等的间距，丝的另一头则系在圆圈的边缘。大蜘蛛在中心点上黏了一根丝，再从圆圈内最先架好的那根丝上爬过去，把新丝的另一端系在圆圈的边缘。做好这些之后，它便沿着刚架好的丝回到中心点；然后黏上第二根丝，马上又系在圆圈的边缘上。

"这种向四周伸展的线形，我们把它叫作放射线。一根、两根、三根……如此周而复始地重复架设，就是最精细的工作。每一根丝，都须与另一根丝连起来，这丝应从圆圈上起头，绕着转着，在中心的四周，做成一种螺旋形的丝，直到中心点才可止住。大蜘蛛从网的顶端做起，一路抽着丝，一路横跨着一条条的放射线，同时还要使其与前丝保持相等的距离。拉着和前者同方向的线，大蜘蛛绕着圈，直绕到中心点。

"当相同的工作做到令人厌倦的时刻，编网的工程就此告成。此外，大蜘蛛还得为自己找到一个可以埋伏的地方，这样既可以观察到整个蜘蛛网，还能遮蔽光热、歇脚休息。这地方通常紧挨着树叶，大蜘蛛在那里做成一个密闭的漏斗样式的丝洞。在天气好的时候，尤其清晨或黄昏，它会离开自己的窝，爬到网的中心。大蜘蛛的八只脚叉开着，好像死了一般一动不动地躲在那里，等猎物自投罗网。就连我们的猎人都没有它那样好的耐心，所以孩子们，让我们也照着大蜘蛛的样子，等待猎物们自动上门吧。"

"我听着很有趣，叔父。"喻尔既惊奇又失望，在故事渐入高潮的时候，保罗叔却卖起关子。

"确实有趣，"克莱尔说，"大蜘蛛跨越溪流，做出整齐放射线的蜘网，越绕越接近中心的螺旋线，预备躲藏和休息的房屋——这一切对于一个动物来说是很难能可贵的。尤其是当网做好的捕猎时，一定是格外稀奇的了。"

　　保罗叔说："的确，所以我不打算把猎食的事儿讲给你们听，而是想让大家自己去观察。昨天走过田间时，我看见一只大蜘蛛，在小溪旁的两树之间编织着它的网，让我们明天早早起床，到那里去看看大蜘蛛究竟是如何猎物的吧！"

二十七、大蜘蛛行猎

　　果然，第二天早晨，保罗叔已经不需要叫孩子们起床了。太阳刚刚照亮天空的时候，孩子们已经都在小溪边了。

　　蜘蛛网已经做成，许多闪着光的小露珠挂在上面，好像一颗颗珍珠。可惜大蜘蛛还在自己的房间里睡懒觉，此刻并没有出现在网中心。保罗叔安慰大家，大蜘蛛是在等待，等待着太阳把清晨的潮气都赶走以后，它才会高高兴兴地从屋子里出来。孩子们都坐下来，在杨树下的草地上吃着早餐。

　　几只蓝色的灯芯蜻蜓也来凑热闹，迎着朝阳在花草间相互追逐，飞来飞去。

　　突然，一只蜻蜓不小心撞进了蜘蛛网，幸好还有一撇翅翼未被粘住，它挣扎着想要逃命。可是无论如何摇动着蜘蛛网，那两根粗丝始终紧绷着，蜻蜓的挣脱看起来并不容易。尤其是它的挣脱，晃动了蜘蛛网上的细丝，惊动了大蜘蛛。大蜘蛛急忙爬下来，朝着那只可怜的蜻蜓奔去。

　　眼看着大蜘蛛一步步靠近，蜻蜓开始了垂死挣扎，终于在蜘蛛赶到之前，逃脱成功，还把蜘蛛网扯破了，造成一个大洞。

　　"哎哟！逃得太及时了！"喻尔叫起来，"差一点，这可怜的小东西便要被活活吃掉了。"

　　"艾米尔你看见了吗？"克莱尔说，"网稍微晃动一下，那蜘蛛就从卧室里爬出来了，多么迅速啊！只是这次的行猎糟透了：不仅猎物顺利脱逃，而且网也被扯破了。"

"是的，但那网很快会被修好的。"保罗叔安慰道。

不出保罗叔所料，大蜘蛛见猎物已经跑掉，开始熟练地修补起网来。修补后的网不仅损坏之处丝毫看不出来，大蜘蛛自己也爬到网中心了。它要开始猎食了，蜻蜓们都已经学乖了，有了上一次的惊险之后，它们起了戒心。大蜘蛛则耐心地等着，一动也不动。

终于，一只横冲直撞的黑色野蜂把头触进了蜘蛛网。它全身毛茸茸的，肚子上还有些红色，很快它就被粘住了。大蜘蛛马上跑去。

猎物看起来强壮有力，并且声势煊赫地示威着。在这样的情形之下，只见大蜘蛛从丝囊里抽出一根丝来，飞快地抛到野蜂的身上。一根又一根，直到野蜂被缠住，最后大蜘蛛拿出它的秘密武器：藏在头下的两支尖锐的毒刺。它小心翼翼地走近野蜂，用毒刺在蜂身上刺了一针，放出一小滴毒汁，然后躲在一旁。毒汁很快显出了效果：野蜂颤抖着，腿一挺——死了。蜘蛛把它带回自己的卧室里，以便闲暇时吸食。等到蜂肚子里的汁水都被吸光，只剩下个空壳，蜘蛛便会把它远远抛开，以免尸首挂在网上，使得其他猎物不敢走近。

"克莱尔，你有没有留意过蜘蛛毒刺？"艾米尔问，"我想，你的针匣子里都没有这样尖的针。"

"的确没有。但这并不是让我最惊讶的，我没想到野蜂被刺之后竟死得那么快。"

"以我所见，像这样大的野蜂，即使受了姐姐最大一根针的重刺，也绝不会死得那么快。"喻尔说。

"不错，"保罗叔也同意地说，"蜘蛛平常总是很小心地使用它的秘密武器，它的刺很毒：有一个小细管通着，从那里，蜘蛛可以放出一小滴我们肉眼几乎看不见的毒汁。毒汁是藏在刺内的小袋里。当蜘蛛要捕获它的猎物时，便悄悄地放出一小滴，射在伤口里，这样就可以立刻把那待捕的昆虫致死了。所以，猎物并不是死在针上，而是由于那可怕的毒汁。"

保罗叔为了使孩子们把蜘蛛的刺看得清楚一点，把大蜘蛛捉在手上。克莱尔立刻惊叫起来，但保罗叔笑着让孩子们不要害怕。

"你们不要过分害怕，杀一只野蜂的毒，对保罗叔这种皮糙肉厚的人来说是不起作用的。"他继续说，"不要因为野蜂的暴死，就害怕它，蜘蛛的刺，大都很难穿进我们的皮肤。在法国，有很多勇敢的研究者，会让各种各样的蜘蛛针刺自己。被蜘蛛的刺刺到，最多会产生一点红块，但不及蚊子咬得严重。可知，它的毒性对我们人类来说不会造成很大的困扰，所以，当我们再看见蜘蛛的时候，不必慌张，更无须尖叫。"

"知道了！"孩子们高兴地说道。

"时候不早了，"保罗叔说，"我们回家吧，回去我再给你们讲一些毒虫的故事。"

二十八、毒虫

"大家或许听过这样的说法：有种会喷射毒汁的动物，它们在离人很远的地方就能把毒汁射到人或动物的脸和手上，弄瞎我们的眼睛，甚至可以致命。"

"我知道，我知道，"喻尔抢先道，"上个礼拜，我在番薯藤上抓住一条大毛毛虫，拿在手里正要把玩却被当时正在番薯地里除草的杰克一把打掉，急忙用大木鞋踩死了。杰克见那毛毛虫有绿色的液体，以至于担心是毒汁，会喷在我身上。后来保罗叔父让我了解到那绿色的汁液其实是没毒的，之所以是绿色，都是因为那个小东西刚吞下了绿叶。叔父还说，那只大毛毛虫将来会变成一只美丽的蝴蝶。"

"是的，"保罗叔说，"许多人和杰克一样，以为世界上有种动物会把它们所触的任何东西都加上毒，或者喷出毒汁。其实，世界上没有一种动物（绝对没有）能够在远处放射毒汁而伤害我们。我的好孩子，你们要牢记此事，因为它可以使我们免掉无谓的恐慌，而留意到真正的危险。"

保罗叔继续说："要明白这点，就必须知道毒汁是什么。有许多种大大小小的动物，天生就有一种带毒的武器，以保护自身或攻击它们的猎物。"

"蜜蜂是我们最熟知的。"

"什么？"艾米尔叫道，"与我们日常食物密切相关的蜜蜂也是有毒的？"

"是的，孩子们。"保罗叔说。

"不仅蜜蜂有毒，黄蜂也该是有毒的。"喻尔说，"以前我想把一只黄蜂从葡萄架上赶走，结果惹恼了它，被它叮了一口，当时感觉我的手好像着了火，痛得很。"

保罗叔解释道，"黄蜂比蜜蜂的刺毒性还要大，被它蜇到要更疼。黄蜂，也就是一种红色的大胡蜂，足有一寸长，它们有时会飞到果园里来吃梨子。所以对于大黄蜂，你们应当特别当心。

"这些小东西，为在大自然中求得自保，都有一个构造相似的有毒武器，那就是刺。那刺生在它们肚子的下端，会藏在鞘子里，而鞘子一般又缩进肚子里。只有需要攻击或自卫的时候，才会把刺伸出来。

"但是，被蜇咬的疼痛感并非完全是因为那根刺，"保罗叔继续讲道，"蜂刺连接着蜂体内的一袋毒汁，通过一根中空的管子，把一滴毒汁滴到伤口上，然后蜂刺便会马上缩回去。至于那毒汁，已留在伤口里，是毒汁让人刺疼般地疼痛不止。"

"有些学者研究过这一问题，证实这疼痛感确实来自创口内的毒汁，而不是创口本身。我们知道，假如用一根如蜂刺大小的细针在人们的皮肤上戳一下，创伤是很微小的，而且很快便消退了。因此，一些研究者曾试着将蘸有蜂毒汁的针头，刺入自己的皮肤这就不同，刺痛感显著并且持续时间较长。而且，针尖造成的伤口越大，毒汁渗入的就越多，疼痛感也越强烈。"

"痛感是毒汁造成的，这是再明显不过的了。"喻尔说，"可是叔父，为什么那些学者要做这些呢？真是奇怪，无缘无故地把自己弄伤了。"

"无缘无故？"保罗叔看着不解的喻尔，"孩子们，你们以为我讲的都是毫无意义的吗？他们都是最勇敢的研究者，他们用科学的方法学习、观察和研究这些，为的是设法减轻我们的痛苦。他们自愿被刺中毒，他们冒着生命危险，来研究毒汁的效力，以教会我们如何克服它。

"大家试想一下，倘若我们被毒蛇和毒蝎咬到，那么我们的性命就危险了。如果要清楚地知道毒汁是怎样生效的，应该怎样才能抑制它的蔓延，这是很重要的。所以，那些学者们的研究是很宝贵的，科学有着神圣的热诚，凡是能够扩大我们知识范围、消灭人类痛苦的任何实验，科学家都不会畏缩的。"

大家全都被科学家们的探索精神震撼着，保罗看见大家的表情露出了欣慰的笑容，继续讲着毒汁的故事。

二十九、毒汁

"在我们的大自然中，有毒的动物多种多样，但行毒的方式却大同小异：它们一定都有特殊的武器——或刺或牙，藏在身体的某处；武器可以产生创口，是为了给毒汁开路。假如没有创口，无法使毒液与人体的血液混合，只是将毒汁与皮肤接触，大多时候是无害的。即使是最厉害的毒汁也能够用手沾碰、放在嘴唇舌头上，甚至吞进肚子里去，通常也没多大的危害。我曾将大黄蜂的毒汁涂抹在自己的嘴唇上，只要没有创口是不会有什么问题的。只要不与血液融合，就连毒蛇的毒汁，也同样无害。曾有勇敢的科学家尝试过。"

"真的吗？这简直是太厉害了！"克莱尔夸赞道。

"假如，我是说假如不小心将毒蛇的汁液与我们的血混合起来，会发生什么呢？是不是很可怕呢？"喻尔问。

"假设一个鲁莽的人惊动了毒蛇，那家伙会立刻把自己的身体一圈圈地卷起来，趁人不备时突然一跃，冲着那个鲁莽的人咬去，令人猝不及防。在被毒蛇咬伤的地方，通常能见到两粒细微的小红点，慢慢地就会围成一个青黑色的圈。伤口会肿胀、疼痛并有沉坠感，那肿胀会渐渐扩展到身体的四周，此时冷汗立刻渗出来，胸闷恶心，最后就连呼吸都变得困难了。随之而来的是头昏眼花，四肢抽筋直至失去知觉。如果救治不及时，可能就要断送性命了。"

"太可怕了，听得我鸡皮疙瘩都起来了。"艾米尔颤抖着，"叔父，如果碰到这种状况，恰巧你不在身边，我们该怎么办呢？咱们家附近山上的灌木丛中，听说时常就有蝮蛇出没。"

"孩子们，我会守护着你们的，让你们免受其害。"保罗叔说继续，"如果你们有谁真的被蛇咬了，应该赶快把受伤处以上的手指、手、臂膀紧紧地用绳缚紧，以阻止毒汁在血液里扩散。一定要在伤口的周围挤压，必要时用嘴在伤口上用力地吮吸，务必使之出血。我刚才说过，毒汁在没有伤口的皮肤上是没有危害的。只要将毒血从体内排出，就不会有什么大问题了。为了更安全起见，应当迅速用腐蚀性药水，如硝镪水和阿摩尼亚水，在创口上腐蚀和烧灼。这可以把毒素全部消灭，只是需要医生来做。如果我们掌握了初步的急救方法，在被毒蛇咬伤后第一时间进行自我治疗，就很少会产生恶果。"

"这种救急措施看起来并不困难。"克莱尔说。

"没错，一点都不难，"保罗叔说，"只要事发时大家不慌乱。你们必须学会在遭遇危险时要保持理性的心态。"

三十、蛇与蝎

"上周四，我曾见路易在旧墙壁里捉到过一条蛇。"艾米尔说，"他很大胆，在两个同伴的协助下，用一根灯芯草把蛇头缚了起来。那条蛇的嘴里不停地吐着黑色而能伸缩弯曲的舌头。所以毒蛇咬人，它的舌头都是刺。"

"说得很对，"保罗叔道，"蛇能吐出很软而又分叉的黑舌头，这舌头既可以做武器，又有多种用途，比如捕捉食物信息、用来表示愤怒等。

"在法国，有种毒蛇具有可怕的毒汁机关。它长在上颚，有两个钩（或称牙），又长又尖。既可以随时直立起来以便攻击，又可以隐藏在牙龈的凹孔内，好似一柄剑鞘里的小短剑。这两颗牙是中空的，底下有一个装满毒汁的小囊，在它们的尖端有一个小口，毒汁可以由此注入毒蛇咬出的伤口中。

"这种背部有两排带斑点的暗色曲带的毒蛇或棕或红，多数生活在温暖而多石的山上，借助于石头的掩护而隐匿于草木中。它们都很胆怯，攻击人只不过是受惊扰后的自保，毒汁也都无色无味，不为人所注意。

"当然还有很多没有毒牙的普通蛇，只要不受到我们人类的惊扰，轻易不会咬人，即便是被这种蛇咬了，也没有生命危险。"

"除了毒蛇，在法国再没有比蝎子更可怕的了。"保罗叔继续说，"蝎子头上长着一对似蟹的钳子，有八只脚，身后拖着一条弯曲的尾巴，爬动起来的样子凶神恶煞一般。虽然长着一对威武的钳子，却没有毒，尾巴末端的刺才是它的有毒武器。

"在法国南部，有两种蝎子。一种喜欢黑暗阴凉，主要猎食木虱和蜘蛛，身体则是绿中带黑；另一种比前者要大很多，相对的毒性也大得多，常常躲在温暖的沙石间，是灰黄色的，被这种蝎子蜇了一定是致命的。

"当任何一种蝎子被惹怒时，在它的尾上就可看到一滴汁水凝聚在刺的尖端，好像一粒珍珠。这时它就要开始攻击了。

"像毒蛇、蝎子这样的小东西，各国还有很多，可以全部讲出来，但我已听见恩妈在叫我们去吃饭了。现在让我们利用这最后的时间，把前面我们所提到的总结一下。在这个世界上，任何一种动物，无论它是何等丑陋而可怕，都不能从远处射出毒汁来伤害我们。一切有毒动物的行动，都是大致相同的：它们用一种特别的武器，给人以轻微的损伤，同时把一滴毒汁注入创口里。伤口的本身没什么，造成疼痛甚至致命的是那注入的毒汁。有毒动物的武器，是用来猎食或自卫的，至于在身体的哪个部分，因种类不同而各异。

"蜘蛛有两个刺，弯倒在嘴的入口处；蜜蜂、黄蜂、大蜂、野蜂等，在肚子下面，平时会藏在鞘里；蝮蛇和别的各种毒蛇，上颚都有两只长而中空的牙齿；蝎子的刺则生在尾端。"

"好可惜，"喻尔说，"杰克没能听到保罗叔父的故事，否则他就会知道大毛虫的绿色肚肠是无毒的。我一定会把这些告诉他，使他不再踩死那些会变成美丽蝴蝶的大毛毛虫。"

三十一、荨麻

饭后，孩子们在花园里玩耍着，保罗叔在树下悠闲地看着书。克莱尔修剪着枝叶，喻尔在给花儿浇水，艾米尔最小，也最爱乱跑乱撞。一会儿，艾米尔就盯上一只美丽的蝴蝶。那蝴蝶有着蓝色的眼睛，上半身是红色的，镶着黑色的边儿；下半身有着波状的棕色线条。可能是飞累了，蝴蝶停在花丛间，艾米尔缩着小身子，用脚尖轻轻地走近，想要伸手抓住它。

艾米尔扑了个空，蝴蝶像是察觉到了什么动静，突然飞走了。艾米尔只觉得手痛了一下，等到收回时已经红肿了。这疼痛逐渐加剧，看起来很糟糕，可怜的艾米尔急忙跑到保罗叔身旁，用饱含泪珠的小眼睛盯着保罗叔，"叔父！叔父！快看看我的手，好痛呀，是毒蛇咬我了吧！"

保罗叔听见毒蛇二字，赶忙抓起艾米尔的小手。在仔细观察之后，微笑着对艾米尔说："没事的，我的小朋友，家里的花园里没有毒蛇！快来跟我说说你是在哪里被咬的。"

"在那边！刚刚我要捉一只停在墙角草上的蝴蝶，当我伸手捉它时，有什么东西咬了我一口。"

保罗叔看了看墙角，"好了，我们可怜的艾米尔，快把手浸在泉边的冷水里，很快就不疼了。"

听了叔父的话，艾米尔飞快地跑向泉边。正当叔父和两个孩子在谈论艾米尔的遭遇时，艾米尔已经忘记了疼痛，从远处兴高采烈地回来了。

"好了吗？"保罗叔问艾米尔。

"疼痛真的消失了。"艾米尔答。

"那你想知道究竟是什么东西叮你的吗？"

"当然，下次绝不再捉它了。"

"刺痛你的其实是一种毒草——荨麻。"

"草？怎么可能，叔父！"

"确实是荨麻，在它的叶梗和细枝上生着许多坚硬的芒刺，里面蓄满了毒汁。当一根芒刺戳进皮肤，尖端随即裂开，里面的毒汁便进入创口。这时会引起一阵剧烈的痛楚。大家想一想，荨麻的芒刺竟和有毒动物的武器有着异曲同工之妙：先使皮肤受到极细微的创伤，然后再注入毒汁，所以荨麻是一种毒草。

"我还要告诉你们的是，刚才艾米尔追逐的那只是绯绒蝴蝶。当它还是毛毛虫的时候，就住在荨麻上，以荨麻的叶子为食，一点也不怕那些毒汁芒刺。"

"既然毛毛虫吃荨麻毒草的叶子，为什么它自己不会中毒呢？"克莱尔问。

"哦，克莱尔，你把毒汁和毒药弄混了，我亲爱的孩子。"保罗叔说，"毒汁这种东西，从任一伤口进入与血液相溶，像毒蛇的毒汁那样，就会使人中毒。而毒药是吞入或注入肚子中，便会致生物死亡的东西。从蛇的牙和蝎子的尾针里流出来的是毒汁，当它进入血液后，可以致生物死亡；但它并不是毒药，因为它可以下肚而没有危害。荨麻的毒汁也是一样，因此恩妈把割下来的荨麻给鸡儿们吃，绯绒蝴蝶之前的毛毛虫把它当饭吃，是不会有危险的。在法国，只有荨麻是毒草；但世界上有许许多多的毒草能让人食后丧命。

"对了，说起吃荨麻草叶子的毛毛虫，让我想起有许多毛毛虫身上的毛其实并不是刺，因此这种毛毛虫也就没有害处。还有一种毛毛虫，满身都是坚硬的毛毛，有的非常尖锐，戳进皮肤以后会变得很痒，严重的会疼痛并引起肿胀。特别是一种簇聚在橡树和松树的'行列虫'，这是另外一个故事。"

三十二、行列虫

"我们时常可以在松树上看到一些无论坐着还是活动的时候，都一个接着一个排成长队，行列极为整齐的毛毛虫，人们因为它们的这个样式，而称其为'行列虫'。"保罗叔说。

"在松树枝的尖端，可以看到一些顶部膨胀、下面狭窄、和叶子交织的丝囊。这些丝囊就是行列虫的窝巢，里面群居着那些生有红发的毛毛虫。窝巢是它们自己做的：为了共同的利益，各自做着一部分工作，一起抽丝，一起编织茧子。窝巢的内部，有着薄薄的丝壁，隔了许多小房间。在大的一头（有时在别的地方），有一个宽阔的漏斗形的口，这是用以进出的大门，其他小门则随处分布着。这样的窝巢可以避过恶劣的天气，毛毛虫住在里面过冬，夏天或极热时，它们便爬进去避暑。

"当它们从窝巢里出来的时候，一条虫作为队长先跑出来，此后一条条衔接上去，直到最后一条，中间不留一点空隙。在行进的过程中，它们排成一条长线，虽然有时是笔直的，有时是弯曲的，但始终是接牢的，没有一条会弄错，每条行列虫都保持着它的位置，谨慎地跟随着它前面的毛虫。这可真称得上是一支训练有素的军队，一声号令，令行禁止，像开始行进时一样，停止时也是一条接着一条，第一条先停，一直停到队尾。

"外出的队伍一般是出去找寻食物，穿过草丛，走过崎岖，可是走了那么远，在完成任务后，它们是如何找到回来的路的呢？是像我们人类靠眼睛凭记忆吗？还是像一些动物那样靠嗅觉呢？其实行列虫有自己特有的路标，这更像是一种大自然赋予它们的本能。原来，行列虫每次长途旅行，为了不迷失归路，它们一路跑，一路不断地抽着丝，粘在路上。队伍中的每一条行列虫，都会不断地低下和昂起它的头。低头时，生在下唇的丝囊要把一根丝粘在队伍要走的路上；而昂起头时，那丝囊会抽出丝来，边走边抽。因此行列虫所经之处，一定是铺着一条丝带。行列虫就是循了这条丝带的指引，无论经历如何的崎岖弯转，都能够顺利地回到家。

"橡树上的行列虫，全身都是弯曲的白色长毛，行进起来则是另一番模样。正常情况下，橡树上的行列虫窝巢内大概有七八百条。每次出行时都是一条作为领导的毛毛虫先离巢，爬到很远的地方等待后面的毛毛虫们排好队伍。与松树上的行列虫不同，它们是两三条一排，移动时领导者始终独自一人，在大队列之前爬行。前几行的排列由于是毛毛虫递增的缘故，会仿佛一座宝塔一般，最多的一排甚至能达到二十多条。行进的过程中，也是用丝来铺路的。

"行列虫的毒性主要表现在他们的脱皮上，在这个过程中窝巢里会堆满它们细屑的断毛。这些断毛接触到人们，会让我们有肿痛和刺疼感。"

"行列虫的毛真可恶"，艾米尔叹着气，"如果没有的话——"

"如果没有的话，喻尔一定要急着去看行列虫的阅兵式了！"保罗叔插话道，"其实松树上行列虫的危害并不是特别大，如果感觉不适，在皮肤上抓几下就会好的。等到明天烈日当空，我和喻尔倒可以去松树林里找寻那些行列虫的窝巢，克莱尔和艾米尔大概受不了太热的天气。"

神奇的雷电雨

三十三、暴风雨

　　保罗叔带着喻尔上路的时候，太阳火辣辣地炽晒着大地，真是热极了。像这样炎热的气候和强烈的光线，行列虫一定是吃不消的，只得乖乖地躲在他们的窝巢里。满心期待着行列虫队伍的喻尔，全然忘记了炎热和疲惫，他把衣领解开，把外衣搭在两肩上，拄着保罗叔给他的拐杖——一根从树林里折来的冬青枝，大步流星地跟着保罗叔向前走。

　　喻尔只管跟着保罗叔，保罗叔往哪儿走，他就跟到哪儿，并不在意周围的变化。细心的保罗叔发现，此时，蟋蟀的叫声此起彼伏，青蛙鼓着腮帮子咕咕地在池塘边喧闹，可恶的苍蝇没头没脑地飞来飞去；迎面吹来一阵阵的凉风，不远处的落尘被卷成了一道灰柱，直冲天空；南面的天空上聚积着厚厚的红色云朵。"我们快点走吧，不然怕是要遇上一场大雨了。"保罗叔担心地说。

　　将近下午三点的时候，他们终于走进一片茂密的松树林。不出保罗叔所料，当他拉下一根有大巢的松枝时，并没有发现行列虫的踪迹。大概是因为天气的原因，行列虫都回到窝巢里去了。保罗叔提议休息一下便返回去，于是他们坐在一棵松树下面又讲起了行列虫。

　　喻尔指着对面的一棵松树，说："保罗叔，你看对面那棵树上很多树枝都已经变成了枯木，松叶也都凋零了，就像你给我们讲的，行列虫离开了窝巢，把松叶都吃光了。尽管我很喜欢看行列虫排着队出行，可是那些因此而枯萎的树木使我感到很难过。"

　　保罗叔应道："在冬天，行列虫会聚居在丝囊里，只要把树上的丝囊收集在一起用火烧掉，便可以解除行列虫对树木、庄稼的威胁，它们就再也不能出来啃坏嫩芽。如果你看到的这棵松树的主人及早做到了这些，那这棵无辜的松树也就不会遭遇这样的结果了。所以，我们要提早行动，在春天到来之前，把找到的丝囊采摘下来集中烧毁。当然，这世上搞破坏的虫子数量极多，仅仅靠人类是无法彻底消灭的，多亏小动物的帮忙，尤其是鸟类，这个我以后再讲给你。现在我们得快走了，你看，南边已经乌云压顶，天色也暗下来了。在乌云到来之前，大风已经刮起，松树被吹得不停摇摆，空气中弥散着泥土湿润的气息，这是暴风雨来临前的征兆。"

保罗叔望了望天空说："我们还是先找个地方避雨吧，用不了几分钟，暴风雨就要来了！"

远远地，一道灰暗的雨幕清晰可见，它正从远处急速赶来。闪电如同锋利的尖刀划破了天空，紧接着便是雷声轰鸣。一记响雷在空中爆开，喻尔吃了一惊，说："保罗叔，我们快到那棵大松树下面去避避雨吧！""不，喻尔，我们要避开那棵危险的树。"保罗叔眼见暴风雨袭来，忙拉起喻尔的手，三步并作两步地穿过冰雹混杂的雨滴，躲到了松林外面的一个岩洞里。说时迟那时快，刚刚躲进洞里，一场暴雨便倾盆而下。

一束电光划过天空，如同一团耀眼的火焰，把乌云撕成了两半，轰——的一声巨响，一棵松树应声倒地，这景象既宏伟又可怕。喻尔被眼前的情景吓呆了。保罗叔却神情镇定，不为所动。

"喻尔，你要勇敢一点。"保罗叔说，"不要害怕，我们现在已经安全了。刚刚被雷击倒的那棵松树，就是我们刚刚想要去避雨的那棵，现在我们在岩洞里，我们是安全的。"

"保罗叔，这真是太可怕了！"喻尔说，"我刚刚以为我要死掉了。可是，你是怎么知道雷会击打那棵树的呢？"

"你说错了，我并不知道雷会袭击那棵树，这世上也没有人能预知这件事。我只是懂得一点常识，知道那里或许会惹祸上身而已。在当时的情况下，我要么屈从于内心的害怕躲在松树下面，要么遵从谨慎的思考，另觅一处安全的避难所，于是，我想到了这里。"

"是什么常识提醒你避开那棵危险的树呢？保罗叔，你愿意把这个常识传授给我吗？"

"我当然愿意了，这是一个非常有用的常识——在暴风雨到来的时候，跑到树下面去躲雨是非常危险的，这是人人都应该知道的常识。"

　　此刻，乌云远去，闪电和雷鸣，也随之远去了。日落西山，夕阳落下余晖；在暴风雨离去的天空，架起了一条巨大的彩虹，颜色非常美丽。保罗叔和喻尔踏上了回家的路。

三十四、电

　　回到家后，喻尔迫不及待地把白天发生的事情讲给艾米尔和克莱尔。他绘声绘色的描述，令克莱尔恐惧得颤抖起来。"如果我亲眼看见了那棵松树被雷击的情景，我想我一定会吓晕过去的。"克莱尔说。一阵热烈的讨论后，孩子们对雷产生了浓厚的兴趣，于是决定第二天一起去找保罗叔问个究竟。

　　来到保罗叔面前，喻尔首先表达道："保罗叔，回想起昨天的情景，我现在一点儿也不害怕了，你能告诉我们为什么在暴风雨到来的时候，我们不应躲在树下避雨吗？我想艾米尔和克莱尔一定也想知道。"

　　"不过，我想要先知道，什么是雷？"艾米尔说。

　　"是的，我也想先知道这个。"克莱尔说。

　　保罗叔微笑着说："孩子们，你们先来告诉我，你们知道的雷是什么样子的？"

　　艾米尔抢先回答："当我还小的时候，我以为天上有一个巨大的铁球，每当下雨，天空就会裂出一道口子，铁球从那里轰轰烈烈地滚落下来，就成了雷。可是，我现在已经长大了，不这么认为了。"

　　"长大了？哈哈，你这个小家伙，现在还没有我外套上的最后一个纽扣高呢！你还没有长大，那是你的理解力在一天天提高，你已经不再满足于天上掉铁球的简单解释了。"

　　接着轮到克莱尔了，她说："以前，我认为天上有一辆笨重的载满破铜烂铁的车子，有时车轮碾过天空会擦出一粒火星来，就像两块石头会碰撞出火花来一样，我想那火星就是闪电吧。天空或许千沟万壑并不平坦，因此车身颠簸，一不

自然的故事

小心就会有铁块从天上翻落到地下来，摧毁树木和房屋。这只是我之前的猜测，现在想来觉得很好笑，可我至今仍不清楚雷究竟是什么东西呢。"

"你们两个关于雷的猜想虽然不同，却有共同之处——都有一个相同的天空。我要告诉你们，我们的天空厚厚地包围着我们赖以生存的空气，所以呈现一种美丽的淡蓝色。事实上，在地球的周围，只有厚厚的空气层；空气层以外便是太空，那里布满了星星，别的便什么都没有了。"

"那雷究竟是什么呢？"喻尔说。

"孩子们，你们还尚小，不了解的事情还多着呢，等你们再长大一些，理解力变得成熟了，对事物的研究也增多了，就会知道很多现在理解不了的事情。现在关于雷的真正解释对于你们来说，或许太深奥了，你们理解起来会很困难。"保罗叔解释道。

"没有关系，你尽管讲，"喻尔迫切地想要知道，"我们会用心听的。"

"那我这样解释好了。你们看，空气是看不见也摸不到的，但是在起风时，我们看到树干被风吹弯，树叶被吹得哗哗作响，甚至有时会被连根拔起，大风还会掀起我们的屋顶，这时你会确信空气的存在，因为只有空气的剧烈流动才会形成大风，而当空气静止时却不容易被察觉。很多现象都是如此，虽然我们无法判断它的形状，但是它确实真实存在着，而且就在我们周围，我们被它包裹着。我要说的这种东西，比空气还不易察觉，它无处不在，还时常伴随着我们，一声不响地伏在我们身上。"

听罢，艾米尔、克莱尔和喻尔相互打量着，好奇地在彼此身上寻找着蛛丝马迹，他们所能想到的东西，离保罗叔所说的还相去甚远呢。

"孩子们，如果凭空去想，你们恐怕即使想一天、一年，甚至想一辈子，也想不出一点迹象来的；你们不会知道它是什么东西。因为我所说的东西是十分隐秘的，科学家们用相当精密的仪器才找出一点点影子。让我来用一个小实验把它找出来吧！"

实验开始了，保罗叔拿来一根火柴，放在袖管上快速地摩擦；接着，把火柴靠近一张小纸片。这时，只见那小纸片突然立起来紧贴在火柴上了。实验如此重复了几遍，果然都是相同的。

"火柴本身是不具有吸引力的，可是现在它却把小纸片吸住了。那么，火柴在与袖管的摩擦中一定产生了什么神奇的力量，就像看不到的空气一样，强而有力地存在着。这个不能被肉眼所看到的东西，叫作静电。孩子们，如果你们用一块玻璃、一根硫黄的、树胶的或如同火柴一样的小棒，在布上摩擦，也同样能产生静电。静电是摩擦以后产生的一种神奇吸引力，能吸住许多很轻的东西，比如碎草屑、纸屑或尘土等轻微的东西。关于静电，我们的猫会告诉我们更多的有趣的信息，如果它今天晚上乖乖的、不吵闹，我们就会有很多收获。"

三十五、猫的实验

晚饭过后，凉风习习，这是暴风雨后的凉爽。厨房里，老恩妈正在阻止她的主人生炉火，"哪有这样的事情？夏天里生炉火，这会把我们都烤熟的！"保罗叔全然不顾老恩妈的阻拦，任她絮叨着，自顾自地燃起了火炉。

大家在桌边坐下。尽管凉风并不令人生寒，但是家里的猫吃饱后还是偎在了炉火旁的一把椅子上，它背朝炉火，温暖使它愉悦，只听得发出懒洋洋的喵鸣声。这一切正是保罗叔所希望的。

"孩子们，你们认为我为什么要生炉火？"保罗叔说，"实不相瞒，这炉火是专门为猫生起的。你们看，它刚刚打着冷战，十分可怜，再看它此刻，温暖让它卧在椅子上是多么惬意。"

艾米尔为保罗叔这样悉心照料一只小猫而扑哧笑出声来，但克莱尔认为这背后一定有保罗叔的道理，便用胳膊肘触了触艾米尔，示意他不要这样。

于是，晚饭后谈话又回到了雷上面来。保罗叔神秘地说："还记得我上午的时候说过的'猫会给我们许多有趣的信息'吗？现在就是见证奇迹的时刻了。"说罢，保罗叔一把将猫放在他的双腿上，孩子们都凑了上来。"喻尔，你去把灯熄灭吧，我们要在黑暗中进行这项实验了。"

灯熄灭了，房间里漆黑一片，大家都屏气凝神地望向保罗叔。猫早已被火炉烘得热乎乎的了，微弱的光线下，只见保罗叔在猫的背上来回不停地抚摸着，看哪，黑暗中跳出了许多白色的星星点点，在猫的毛上发出细微的噼噼啪啪声，很快，手指拂过的地方又没有了光亮，那些小小的白色亮光就像从猫的皮毛里迸发出来的一样。大家被眼前的景象惊呆了，入神地看着，安静极了。

"快停手吧，那可怜的小家伙要着起火来了！"老恩妈打破了室内的宁静。

"保罗叔，那火会燃烧起来吗？"喻尔好奇地问。

"你们看到的光亮并不是火。"保罗叔回答道。"还记得那根火柴的实验吗？火柴在袖管上摩擦以后可以吸起一张小纸片。我说过，那是摩擦中产生的静电在作祟。同样的道理，我的手在猫的背上摩擦，产生了静电，由于静电数量较多，所以出现许多可以被肉眼看到的白色小亮光，就像爆裂的火星一样。"

"如果那小火星不烫手的话，我也想来试一试呢，保罗叔。"喻尔请求道。

保罗叔愉快地答应了。喻尔学着保罗叔的样子把手放在猫背上，几次摩挲后，刚刚那亮晶晶的小白点和噼噼啪啪的声音再一次出现了。艾米尔和克莱尔见状也吵着要试一试。同样的实验又进行了两次后，恩妈开始心疼起猫了。保罗叔只得叫停实验，一边叫喻尔把灯打开，一边轻轻地把猫放了。被摸来摸去猫已经有些恼了，保罗叔打趣道："如果不赶紧把它放了，它恐怕要把我的脸抓破了。"

三十六、纸的实验

"猫被惹恼了是要发脾气的，"保罗叔说，"我们还有其他方法可以创造电呢！"孩子们的好奇心再一次被唤起。

"首先，你们要找来一张普通的硬纸，沿着较长的一边把纸对折，然后用手指把对折后的硬纸两端捏住，放到火堆上烘烤，要记住，不要把纸烤焦，更不要把纸点燃，纸被烘烤得越热，稍后可产生的电就越多。最后，把一块事先烘热的绒布放到刚刚的硬纸上，沿着硬纸的长条方向迅速摩擦。往复几次摩擦，便可以单手将纸提起，当心，不要让纸触碰到任何东西，否则，电便会分离出去了。这时，你拿来一把钥匙靠近纸的中心，你就会听到轻微的噼噼啪啪的爆破声，还会看到点点火光，就像在猫身上看到的一模一样。当然，不是说只能用烘热的一片绒布来摩擦，倘若你的裤子或者手帕也是绒布的，同样可以。

"电的产生并不一定会迸发火花，比如你可以把摩擦好的硬纸靠近纸屑、草片或羽毛之类的琐屑上，你就会看到那些轻微的小东西嗖地一下被吸起来，然后又被甩回去——上下跳跃。"

为了证实刚才所说的话，保罗叔拿来一张硬纸，折成长条，靠近火炉上反复烘烤，然后抽出来在裤子上迅速摩擦，最后，当他将手指靠近纸条时，果然闪出了点点火光，这些星星点点要比刚才猫身上的多得多，还有那噼噼啪啪的声响也更清晰。孩子们入神地望着纸上产生的电光，惊奇极了。这个实验太有趣了，孩子们反复地做了好多遍也不觉得厌烦，直到老恩妈不停地催促他们去睡觉，他们才恋恋不舍地停下了实验。

三十七、富兰克林与狄洛马

第二天，克莱尔、喻尔和艾米尔还对昨晚的实验念念不忘，整个上午，电的实验成了他们唯一的话题。那些噼噼啪啪迸发出的小火花深深地活跃在他们的脑海里。细心的保罗叔发现了他们兴致正浓，是时候继续之前的话题了。

"还记得我们之前讲到的雷吗？我为什么要在讲雷之前，带你们做了这些电的实验呢？先来听我讲一个小故事吧。

"一百多年前，在法国尼拉的一个小县城里，有一位受人尊敬的县长，名叫狄洛马，他完成了科学史上的一项大名鼎鼎的实验。是什么实验呢？有一天，狂风大作，暴雨顷刻间袭来，人们纷纷避雨的时候却看到狄洛马带着一个大大的纸风筝和一轴线跑到乡间去了。出于好奇，人们尾随着他一同前往，最后竟然有两百多人！县长这是要去做什么？是游戏？还是要在雨中放风筝？难道他忘了县长的职责了吗？不，都不是。他要实现一个大胆的计划——把云中心的雷引出来，这是人类认知领域里从未出现过的一个新词——雷。

"怎样从乌云中把雷引下来呢？狄洛马所用的纸风筝并没有什么玄机，就是我们常见的那种，只不过在麻线里裹了一根铜丝。起风时，他把纸风筝送上了天空，差不多有两百米高。铜丝的下端，接着一条丝线，丝线系在一间屋子下面，完全不用担心它会淋到雨。一根锡制的小圆筒系在丝线上，让其与麻线里的铜丝接触。最后，狄洛马拿了一根同样的小锡圆筒，一头有个长玻璃管，可以用来做手柄。这样的一组装置叫作'励磁器'。利用'励磁器'，狄洛马手执玻璃柄，引下了藏在云中的火，这火是由纸风筝中的铜丝引导到线端的锡圆筒上的。那丝线和玻璃柄是用来阻挡电的进路的，让电钻下地去，或者通到实验者的身上；因为这些东西，是不导电的，除非电实在太强了，才能冲得过去。而金属则与它们恰好相反，能够使电流畅通无阻。

　　"这样做会发生什么事情呢？即使把雷引下来，如果不能妥善处置，是不是会危及生命呢？严谨好学的狄洛马在进行实验前一定是经过深思熟虑的，如果没有十足的把握，他一定不会进行这样危险的尝试的。围观的人们看到，天空中团团乌云正向纸风筝靠近，这位县长忙把手中的'励磁器'系在线末端的锡圆筒上，于是，一道很大的耀眼火光在天空闪过，触在'励磁器'上，发出一阵爆响，接着电光一闪，便立刻消失不见了。"

　　"就像我们把一把钥匙靠近一张摩擦过的纸上那样吗？"喻尔回忆着昨晚实验的情形。

　　"是的，"保罗叔答道，"猫身上的光点、纸上的火花、天上的雷，都是一样的——因为电。狄洛马的实验中，纸风筝的线上是有电的，但电量极小，因此并不危险。他每次把手指触到小锡圆筒上时，都闪现出一团小小的火花，就像从'励磁器'里产生的一样。他的示范引得围观的人纷纷效仿。他们聚集在圆筒的周围，用手指触及圆筒，然后看火花四溅，玩得不亦乐乎……在大家毫无防备的情况下，一记猛烈的火花突然向狄洛马袭来，将他击倒在地。此刻乌云把纸风筝层层笼罩，狂风暴雨就要侵袭整个县城了，这位县长保持着高度镇静，他命令围观的人群迅速向后撤离，'励磁器'附近就只剩他一个人了，形成一个大大的圆，他就在圆心。围观的人群开始害怕起来。就在这时，从锡圆筒上引出了第一个猛烈的火花，其力量之猛足以将一个成人击倒，随后许多的火苗像蛇一般地蜿蜒射去，发出阵阵爆炸声，每条差不多有两三米长。任何人只要触到其中的一条，便必死无疑。狄洛马担心会出现意外，大声呵斥人群离得更远一些，自己也加强了防范，不再触及危险的圆筒。出于对科学的热爱，他又鼓起了勇气，冒着生命危险进行科学观察，镇静得好像什么都没有发生一般。空气中弥散着烧焦的味道，纸风筝被披上了一件闪亮的外衣，好似一条连接天地的火线。地上恰巧有三根长长的稻草，向线上跃起，跌下来又跳上去，持续了好几分钟。在狄洛马外围的人群里，发出阵阵骚动声，这景象实在太罕见了，他们看得津津有味。"

"这和昨天晚上草屑在电纸和桌子之间上下跳跃是一样的。"克莱尔说。

"非常好，孩子们，我很高兴你们能把摩擦得来的电联系到雷上。狄洛马所做的这项危险实验，正是要证明电与雷的相似。这项实验的危险程度是你们无法想象的！当围观的人们看得正起劲的时候，忽然一个雷从天而降，把地打了一个深深的大洞，激起漫天的飞尘，人们吓得个个面无血色。"

"天哪！狄洛马丧生了吗？"克莱尔急切地问。

"放心，他很安全。"保罗叔答道，"狄洛马的脸上浮出得意的微笑：他的实验成功了！他的实验证实了雷是电产生的原因，同时证明雷是可以从云中被引导下来的。"

"狄洛马冒着生命危险完成了这项重大的实验，人们一定很敬仰他吧！"克莱尔感叹道。

"事实却并非如此，"保罗叔说道，"后来，狄洛马想在波尔都地方再举行一次实验，没想到暴徒们向他投掷石块，暴力阻止他。他们把狄洛马看作一个危险分子，认为他使用妖术把天上的雷引了下来。因此，狄洛马只好放弃他的实验装置，灰溜溜地逃走了。孩子们，真理有时还得和成见、无知斗争。

"狄洛马在实验成功后不久，有个叫本杰明·富兰克林的美国人也进行了同样的探求。富兰克林出生于一个贫苦的工人家庭，生活很拮据，除了一点儿必要的书籍纸笔，他什么也没有。但是他勤奋好学，终于成为一名享有国际盛誉的大人物。1752 年的一天，暴风雨肆虐，他带着他的儿子来到离费城不远的乡间，他的儿子手里拿着一只丝做的纸风筝，风筝的四角上系着小玻璃棒，下面拖着一根尾巴一样的金属，金属的末端是阻电的机关。风筝迎风而上直入乌云。起初并没有什么异样，完全看不出电的迹象。渐渐地，雨水打湿了牵引风筝的丝线，潮湿的丝线使电自由地流转起来。富兰克林看后十分喜悦，他奋不顾身地跑过去试探着用手指轻触丝线，顿时，激起了一团团火花。"

三十八、雷与避雷针

保罗叔继续讲解道："狄洛马和富兰克林的危险实验，揭示了雷的秘密，让我们知道，当电量微小时，雷对人体并不具备威胁，即使那些用手指触碰而迸发的火花，也不会对人体造成伤害；同时我们还知道了，携带电的物体可以吸附周围的琐屑，比如狄洛马实验中的风筝线、纸的实验中的羽毛和稻草……这一切为实验而付出的努力都是为了让我们知道：雷就是电。

"下面我来说说'中性电'。在大部分物体中，都有两种完全不相同的电，它们混合在一起时，就像两个拥抱着的好朋友，相安无事；但假如要使它们分开，它们便会想尽一切办法排除万难重新拥抱在一起，如同两个久别重逢的故人激动地相拥，碰撞起阵阵爆破声，发出一道耀眼的闪电。然后，一切便归于平静，回到了最初的样子。这两种电彼此依存，只有当它们混合为一体时才能形成一种无形、无害、无力的东西，这就叫作'中性电'。如果要使一个物体受电，就要将物体内的两种电分解开来，出现奇异的特性。分离两种电性的最好方法便是摩擦，除此之外还有许多种办法，比如使物体内部发生剧烈的变动，这也会呈现出分离电性的效果。因此，太阳的光热会让水蒸发成云，云是非常容易带电的。

"两片带电的云相遇时，它们其中相反的电性便会迅速拥抱在一起，这时就会爆发出一道迅猛而耀眼的光亮，这便是闪电；同时还会发出隆隆的鸣响，那就是雷声。最后，迸发出的电火星会从云中直落地面。你们通常所知的雷，不过是一阵剧烈的轰隆声还有伴随而来的霹雳。

"雷电是不易观察的，它在到来时常令人胆怯，倘若你能够克制恐惧，专注于乌云，那可是暴风雨的中心呢，你们便能望见各种形状各异的耀眼光线，有的是单独的一条，有的是一条上分支出多条，有的蜿蜒曲折，有的简洁醒目，光彩纷呈。"

"是的，我记得暴风雨那天雷击倒大松树时，一道耀眼的光亮刺得我双眼都要看不见了，"喻尔回忆道，"满目都是耀眼的光。"

"真的吗？那暴风雨再来时，我也要看，"艾米尔说，"但是我一个人可不敢看，那样子太可怕了，我要保罗叔和我一起看。"

神奇的雷电雨

"我也是，"克莱尔附和着，"只要保罗叔在，我们就不感到害怕了。"

"放心吧，孩子们，我一定会在的。"保罗叔向他们保证，"事实上，雷并不可怕，它是大自然的一股神秘力量，有了雷，空气就会变得新鲜，它能够把那些可恶的弥漫在空气中的腐浊气体涤荡一空，要知道那些腐臭的浊气才是真正致命的东西。雷用它的火焰将空气中的坏东西烧掉，就像我们用点燃的稻草和火把来清洁屋内的空气一样。我们常常因为雷声大作而感到恐惧，但你们一定没有想到，这雷声的背后是环境的改善，是一项艰巨而宏大的清洁工程，是我们生命存在的保障。你们一定都感受过，暴风雨过后，空气是何等的清新，我们的身心也因此充满了愉悦！世间万物都有两面性，雷也是如此，它净化空气的同时也会偶尔闯祸。不论何时，你们都要牢记，雷是有危险性的，它总是要电击地面上高高凸起的地方，因为在乌云电力的吸引下，地面上与它电性相反的电都集中在地面高耸的地方，时刻准备着与天上的电拥抱在一起。"

"就像两个久别重逢的老朋友？"克莱尔牢记着保罗叔刚刚说过的话。

"地上的电，要想到天上去与云里的老朋友相会，便朝高耸的地方攀去；而在云里的电，也想要尽快到下面来与老朋友汇合，它们是如此的想念对方，于是，两股相互强烈吸引的电流向彼此奔去，相遇的一刻便冲撞出雷震的霹雳声。火焰一触即发。这也就是为什么山顶的房子、高耸的塔楼、峭壁以及大树极易燃烧天火的原因。因此，即使在空旷的郊外遭遇暴风雨，躲在树下，尤其是独立在外的最高大的那棵树下，是极其危险的，一旦有雷在附近坠地，那么躲在树下避雨生还的可能性微乎其微。"

喻尔马上想道："所以，保罗叔，如果暴风雨那天听了我的话，躲到了那棵高大的松树下面去避雨，我们那天一定死掉了。"

"是的，"保罗叔说，"身陷困境的时候，与其等待无法预知的救援，不如进行自救，而自救最有利的方式就是依靠知识。因为有了关于雷的常识，我们逃出了那棵危险的大松树，现在得以十分安稳地待在家里，可见，知识是多么的强大有力。关于雷，我还要再嘱咐你们，在暴风雨的时候，一定不要躲在孤零零的大树下面，还有峭壁、高墙根、旷野，都是非常危险的。除此之外，要知道雷的传播是完全不受空气流动影响的，因此无论如何也不要四处乱跑。"

"每当打雷的时候，"艾米尔说，"恩妈总会匆匆忙忙地把所有窗户都关上。"

"许多人都会和恩妈有一样的想法，认为关上了窗户便阻断了空气的流通，那样就安全了。然而事实上这并不会起到丝毫的作用。"保罗叔说道。

　　"有什么方法可以预防吗？"喻尔问。

　　"在通常情形下，我们的确没有办法可以阻挡雷的前进，但我们可以进行合理的引导来规避那些危险，这就需要一根避雷针了。避雷针是富兰克林的一项天才发明，它是一根长而尖的硬铁，大多装在屋顶上。这根硬铁的下端，接着另外一根铁，这根铁沿着房子的边缘延伸下来，一路用环子钉固定住，最后插入潮湿的地下，或者最好把它埋在深水井里。避雷针高高地指向天空，一旦有雷落下来，便会击到避雷针上，这正是我们所期望看到的。因为避雷针是金属材质，可以顺畅地导电，便立刻把雷引向地下，不会造成任何伤害和损失。"

三十九、雷的影响

　　保罗叔继续讲解雷电，"雷是个狂暴的家伙，只要有物体阻碍了它的流通，它便会毫不留情的摧毁它。它把巨大的岩石击得粉碎，粉碎的石块被甩出很远；它把我们的屋顶掀翻，害得我们无法生活；它还会把树干劈成七零八落的木片，把墙垣连根击倒，把草堆点燃，将地面的泥沙铲起，留下一道道的沟壑；对于那些方便它们通行的细小金属，有时雷也不留情面，像铁链、铁线、金属纽扣等，都会被它烫得通红，甚至熔化、蒸发。

　　"像我们之前讲过的'静电'，它很微弱，只会在我们身上发起一阵轻微的触感，最强烈也不过是有点刺感而已。可不要小瞧了这股力量，利用科学的方法，将这些微小的力量在巨大的机器作用下便会产生强大到无比震撼的电，到那时，就远远不是轻微的触感了，连致命都不在话下。电对人体来说，是十分危险且强大的，人一旦被较强的电击中，便会觉得全身关节受到了击打，以致浑身颤抖，腿膝瘫软，痛苦程度不言而喻。而如果遇到更强的电击呢？恐怕即使是一头牛也会瞬间倒地的。

　　"我们利用发电机为生产、生活提供着源源不断的电力，但比起雷所具有的电力，那简直是小巫见大巫。雷可以瞬间夺取一个人或一头牲畜的性命。在那些命丧雷击的肉体上，有些会带有伤痕，有些却很完整，这是为什么呢？因为电只是停止了人体的活动机能，使其无法呼吸，血液也无法循环，假使这样的状态持续很久，便会丢掉性命；而如果是短暂的，那很幸运，不会因此丧生。如果遇到被雷击的情况，应该如何急救呢？像对待溺水者一样，人工呼吸或压迫胸口，或许能帮助复活。还有一种情况是电震，比起雷击那要轻微许多，只是部分肢体感到麻痹或短暂的失去知觉，不用担心，很快就会自愈的。"

四十、云

次日清晨，在天的一边，缀满了朵朵白云，蓝天环抱着堆积如山的纯白色云朵，远远望去柔软而舒适，令人心旷神怡。

保罗叔决定给孩子们讲讲云的故事。"你们还记得秋冬时节早晨的迷雾吗？它就像一团灰白色的烟雾，笼罩着大地，遮蔽了太阳，我们因此看不清近在眼前的任何东西。"

克莱尔点头认同，"是的，空气里好像充满了看不见的水滴。"

喻尔接着说："有一次我和艾米尔在充满雾气的院子里捉迷藏，仅仅相隔几步，我们却丝毫看不到对方。"

"你们知道吗？"保罗叔开始讲起了云，"云和雾其实是一样的，唯一的区别在于雾分布在我们周围，它灰白而潮湿，常常带来寒冷；而云高高地悬浮在天上，形色迥异，有时是耀眼的纯白色，有时像火一样散发出金色和红色，还有时灰灰的，后来变成了乌黑色，就像暴风雨来临前的乌云。如果你们留心观察会发现，每当傍晚夕阳西下，云的变化最为明显，开始是白色，后来转成红色，再后来变成琥珀一样的金黄色，最后伴随着太阳的离去，云也渐渐暗淡下来，变成了灰黑色。这一切，都是太阳的光照在发生作用。我说过，云和雾是一样的，都是潮湿的蒸汽汇聚而成。当我们靠近了观察时，你们便会一目了然。"

"靠近了观察？人们能够达到云的高度吗？"艾米尔问。

74

"当然可以了，"保罗叔说，"只要你的腿足够强壮，爬到山顶便可以触碰到云了。"

"那么，保罗叔你在山顶见到过云吗？"

"是的，见到过。"

"云是不是像天空那样美丽呢？"

"它非常好看，我甚至无法用言语来形容它的样子。但与你们的想象不同，被云包围却不是一件享受的事情，相反的，它令人感到不安和困扰。身处昏黑的浓雾中，常常会迷路，就像喻尔和克莱尔在雾中捉迷藏，完全看不清前方和脚下，也许下一步就是深渊，也许前方就是歧途，每走一步都潜伏着巨大的危险。现在你们按着我的描述来幻想，此刻眼前的景象是这般的：

"我们站在山顶上，头顶是一望无际的蔚蓝天空，脚下一马平川，白云环绕山际随风飘浮，太阳光洒向白云深处，将白云映得金灿灿的。夕阳的晚霞与白云相映生辉。风吹送着白云缓缓上升，眼看就来到了我们脚下，山下的平原已经不见了踪影，云层就像一座时隐时现的小岛，我们正置身其中。渐渐地，云越升越高，不多时我们就处在了云山雾罩之中，刚刚那色彩明媚的风景消失不见了，充盈在身边的是昏暗而潮湿的雾气，我们像被蒙住了双眼，难辨东西，只得乖乖地困在原地，行动不得，期盼着风快快吹来，把这恼人的雾气赶紧带走呀！

"人们看到天上的云朵美丽而柔软，往往幻想着站到云端里领略的奇美景象。然而，真正深入其中却发现毫无景色可言，竟是些沉闷的雾而已。世上的很多事情都是如此，远远看去华丽的事物，当我们在猎奇心理的驱使下，要去弄个究竟的时候，便会扫兴而归，它的本质远没有外表那么诱人。再来说云，大自然赋予它的神圣使命并非装点天空，而是凝聚水蒸气，带来降雨。我们总是仰望云朵，认为它遥不可及，事实上，云的高度并不统一而且并不遥远。大部分的云汇聚在距离地面 500~1500 米的高度，少数情况下，云可升至距离地面约 16 千米的高空。有些环绕在山体缓慢上升的，尚且不能称作云，我们把它叫作雾。雷、雨、雪、冰雹等气象都是在云的作用下产生的，倘若云无法升起到一定的高度，那这些气象也就无法产生了。

"有一种形状如同软羊毛的云叫作'卷云'，它是我们常见云中最高的云，距离地面大约 4 千米。卷云洁白如丝，有时小而圆，众多的卷云聚积起来像是一群羊的背，天空被卷云遮盖，形成鳞斑云，大多在天气变动之前可以看到。还有一种有着圆边的云叫'积云'，常常在炎热的夏季出现，顾名思义，它就像棉花和羊毛堆积起来一样。当你们看到各种云大量汇聚的时候，暴风雨就要来了。"

"保罗叔你看，那山边的云，是积云吗？"喻尔指着远处问，"看起来好像一大堆的棉花呀。暴风雨就要来了吗？"

"不，风正把它们吹向别的地方。你们听，那边正有轰鸣声响起，暴风雨大概已经在那里下起来了。"

说话间，一道闪电从积云里突然放射出来，过了一会儿，雷声从远处微弱地传来。喻尔按捺不住好奇地问："为什么远处下雨，这里却没有？为什么雷声和闪电不是一起出现呢？"

"这正是我接下来要说的，"保罗叔说，"在这之前，我们先要弄清楚云的形状。这种云像一条不规则的绸带，随意散布在地平线上。当早晨它们变成红色层云时，风雨往往伴随而来。还有一种通体灰色的乌云，我们把它叫作'雨云'，它总是紧密地堆在一起，雨都是由它而来。远远看去，雨云就像一张潺潺的雨幕，一根根珠帘垂直洒向大地，它们被称作雨脚。"

四十一、音之速度

"保罗叔，我有个疑问，"艾米尔问道，"在那边的一大片积云下面正下着暴风雨，刚刚我们还看见了闪电，听到了雷声。可为什么我们这里却没有下雨呢？"

"这就像你用手掌蒙住自己的眼睛一样。"保罗叔解释说，"暴风雨来临前，云笼罩着我们头顶的天空，我们感到满天都是云。但这只是表象，我们头顶的云就像一只手掌，在它覆盖不到的天际，依然是晴空万里。刚才我们看到远处的乌云，听到隆隆的雷声，知道那里一定是在下雨，倘若那片云下的人们跑出那片云之外去，他们也会和我们一样看到相同情景。"

"如果有一匹快马，他们便可以离开雨到晴天的地方来；我们也可以离开太阳，跑进雨里去！"艾米尔提议道。

"是的，艾米尔，这有时候是可行的，但不可行的时候居多。因为受风的吹拂，云也是在不断移动的，它们从这里飘向那里，没有任何的停留。或许你看到一片云在山顶，便不停地追赶，可当你刚刚爬上山顶，那片云就会掠过你，飘向另一个山头。云的速度远非我们的双脚所及，又怎么能够紧紧跟随，任意进出呢？此外，云所到的地方就都是雨了吗？也不尽然。你们知道的，云有时会飘浮在山顶之下，而雨都是在云层之下洒落，所以这时云下的平原会大雨倾盆，而在山顶，却是阳光普照，看不到一滴雨珠。"

"那些我已经明白了，"喻尔说，"保罗叔，现在换我来提问了。刚刚我们看向积云，先是看到一阵闪电，而后才听到雷的声音。为什么闪电和雷声不是同时的呢？"

"雷的出现伴随着光和声，光即是闪电，声即是雷声。这就像放枪，火药爆炸时光与声是同时发生的，但在远处的人看来，却是光比声音先到，这是因为光速快，而音速慢。离得越远，声音到来的便越迟。光可以在瞬间到达很远的地方，而同样的距离，声音却要经过很长时间的传递。我来给你们举一个例子：假设远处有一个樵夫正在伐木，或者有一个石工正在开石。我们看见斧头砍在树上，铁锄击在石上，每个动作都很清晰，但哐哐的伐木声和叮叮的敲石声要在动作完成之后等些时刻才能到达耳边。"

"有一个星期天，我在教堂远处观望撞钟。我看见钟已打了，而声音却没有马上响起，现在我终于知道为什么了！"喻尔高兴地说。

"通过计算声音迟到的时间，人们往往可以推算出相距发生暴风雨的云有多远。这只需要数出闪电之后，雷声到来之前的秒数就可以了。"

"1秒钟有多久？"艾米尔问，他尚没有秒的概念。

"艾米尔，你只需一、二、三、四……数下去就可以，不要太快，也不要太慢。只要那积云里的闪电一亮，便开始数，直到听到雷声为止。"

大家屏气凝神地等待着下一个雷的到来。突然，雷来了，电光一闪，他们就数了起来，一、二、三、四、五……数到十二时，远处传来了微弱的雷声，是的，非常微弱，他们停住了数数。

"雷声经过了十二秒钟才达到我们这里。"保罗叔说，"如果按照声音每秒钟跑340米计算，那么雷距离这里有多远呢？"

"340 乘以 12，有 4080 米，保罗叔。"克莱尔高声回答。

"非常好，克莱尔，你计算得很准确。闪电的光离我们有 4080 米，那么我们离那片积云，差不多有 4 千米呢。"保罗叔说。

"原来可以多么简单呀！"艾米尔拍手叫起来，"只是数数，就可以知道雷有多远了。"

保罗叔摸着艾米尔的小脑袋，说："闪电与雷声相差得越久，那云便离我们越远。倘使闪电和雷声同时发生，那么这个雷一定就在附近了。喻尔，还记得那天在松树林的雷吗？"

"是的，它们同时出现，它们近在眼前。"喻尔肯定地说。

克莱尔提问道："保罗叔，我听说雷的闪电一过便没有危险了，是这样吗？"

"是的，闪电的结束为雷画上了句号，闪电过后，危险也都随之消失了！至于那雷声，即使再振聋发聩，也不会对生命造成什么伤害。"

四十二、冷水瓶的实验

虽然保罗叔已经讲明了云就是上升在空中的雾，但是他并没有告诉孩子们雾是什么，雾又是怎样形成的，因此，过了一个晚上，保罗叔决定继续讲下去。

孩子们又围在保罗叔身边，他们知道这个叔叔总有有趣的故事。

"孩子们，你们都知道恩妈把洗好的衣服挂到晾衣绳上，是为了要使布料里的水晾干，衣服才会变得干燥，那么，你们知道那些水分去了哪里吗？"

"我知道，"喻尔抢答道，"它们凭空消失了。"

"那些水是在空气里蒸发了，变成和空气一样看不见的东西。就像你们常常玩泥巴的时候，会把一小桶水浇在泥土上，水渗进土里不见了。而泥土呢？它以前是干的，后来变成了潮湿的。泥土便把水都喝进了肚子里。空气也一样，它把洗好的衣服上的水分也喝走了，也变得潮湿了。空气把水喝得非常彻底，一点痕迹也没有留下，好像空气什么都没有发生一样。像这样消失在空气中的水，我们叫作'水蒸气'，也就是说它是一种气体。当水的状态由液体变成气体时，被称为‘蒸发’。布料上的水分被晒干，其实就是蒸发了；水分在空气中变成了看不见的水蒸气，水蒸气又在风的力量之下，四散开来，就像蒲公英的种子。气温越高，则水分蒸发得越快、越多。你们还记得吗？夏天里，一块湿漉漉的手帕不一会儿就变干了，可是在阴天或者冬日里，却没有这么容易。”

"是的，"克莱尔说，"只要洗衣服那天天气很好，恩妈就会很高兴。"

"你们肯定也会记得，花园里浇水的情形。在一个炎热的傍晚，我们去给花园那些干涸的花花草草浇水，天气太热了，它们都渴得低下了头，我们大家拿着装满水的喷壶给它们补充水分，不多时，整个花园里便水灵灵的了。花草们重新恢复了生机，直挺挺地昂着笑脸，花园里一派鲜美之气。可是好景不长，只经过了一个夜晚，第二天泥土又干了，一切都得从头再来。那昨天浇的水去了哪里呢？原来它已经被蒸发分解在空气中了。第二天或许已经被风吹得很远很高了，再后来变成了一片云，再凝成了雨，又落回到地下来。我们浇花的时候，其实已经为日后的降雨尽了一份力呢。”

"我现在明白了，"喻尔说，"原来我在浇花的时候还在浇灌空气。"

"那如果把一大盆水放在阳光下暴晒，后来会怎么样呢？"保罗叔提问道。

"我知道。"艾米尔赶忙说，"那一大盆水便会悄悄地变成看不见的水蒸气，最后水都不见了，就只剩一只大空盆了。"

"那如果水量再大一些呢？比如湖泊、沼泽、溪流、江河、沟渠，还有海洋，要知道海洋的面积是陆地的 3 倍呢，它们一起蒸发起来会怎样呢？"保罗叔看着孩子们陷入了思考，于是接着说，"空气一定会喝得饱饱的，到处都弥散着潮湿的气息，当然，这还要看热的程度如何。"

"你们想知道现在围着我们四周的空气里有多少水分吗？"保罗叔的新问题似乎更加有趣，"虽然空气是肉眼所看不见的，但我们却有方法可以揪出其中的水分。很简单，我们只需要把空气弄凉便可以了。用力拧压一块湿的海绵，水便会从里面流出来。阴凉对于空气的作用也是如此：阴凉可以使空气中的水分凝结成细小的水珠。让我用实验来告诉你们吧！克莱尔，去取一瓶凉水过来吧！"克莱尔从厨房里取了一瓶非常冷的水交给保罗叔。保罗叔拿着水瓶，小心翼翼地用手帕擦拭着瓶体外面的水分，然后放到一只擦干的盘子里。

"你们仔细观察。"保罗叔和大家一起安静地注视着这个冷水瓶。瓶子初看时是十分通透的，渐渐的瓶体上蒙上了一层雾一样的东西，越来越模糊，紧接着，微细的小水滴出现了，沿着瓶体的四周滚落下来，落在了盘子里。仅是一小会儿的时间，盘子里就已经积了浅浅的一层水了。

"那些瓶体外滚落的水珠并不是瓶里面的水分，"保罗叔解释道，"水是无法穿透玻璃的。它们是周围空气里的水分，被冷却后凝聚成水珠，如果冷水瓶的温度再低一些，瓶体外的水珠会更多。"

"我经过一件类似的事情，"克莱尔说，"我曾经往一只干燥的玻璃杯里倒满了冷水，玻璃杯的四周立刻出现了刚才的情形，一模一样。"

"那是因为玻璃杯四周的空气被冷却后凝结成了水滴。"

"空气中是不是有很多看得见的水蒸气呢？"喻尔问。

"空气中大部分的水蒸气是看不到的，它们散布得广泛而稀薄，倘若想要把它们凝成很少量的水，需要很多的空气。在炎热的时节里，空气中所含的水蒸气最多，大概要六万升的潮空气才能做成一升的水。"

"才只有一升的水呀！"喻尔惊叹地说。

"孩子们，你们要知道，空气的体积是非常巨大的，这样就会产生无数个'一升的水'。"保罗叔接着又说："从这个实验中我们要知道：空气中充满了我们肉眼观察不到的水蒸气，这些水蒸气一旦遇冷，便能变成看得见的雾气，再变成一滴滴的水珠。这种从气态变成液态的过程，我们叫作'凝结'。也就是说，热把水蒸发成了水蒸气，冷又把水蒸气凝结成了小水珠，这些小水珠就形成了雾。好了，孩子们，剩下的我们今晚再讲吧。"

四十三、雨

"我们先来回顾下上午所讲的。地球上的水分经过蒸发变成了水蒸气，水蒸气缓缓上升，除非温度降低，否则水蒸气是无法被看见的，随着高度的增加，温度逐渐递减，水蒸气终于无法隐匿在空气中，纷纷凝结成细小的水珠，形成云或雾。"保罗叔讲解着。

"当云或雾继续遇冷，小水珠汇聚到一定的程度，便会下起雨来。雨滴在下降的中途合并了其他大小的水滴，便形成了大水珠。雨水一滴滴降落下来，打在地上形成一个个小水坑。如果雨滴太大，便会沉重地打在花草上，将花草狠狠地打死；在很多大雨降临的时候，我们看到雨水像水柱一样的倾灌下来，那是比大雨滴还要沉重的，它会把树枝打折，把庄稼毁坏，甚至使我们的房屋下陷。雨水的狂暴远不止这些，有时它们会用怪样子来吓人，如果你看到天上下血或硫黄，怎么会不害怕呢？"

"什么？"艾米尔插言说，"保罗叔，天上会下血和硫黄吗？"

"那太可怕了。"克莱尔说。

"保罗叔，那是真的吗？"喻尔也沉不住气了。

"当然是真的。我们说好的，要讲真正发生的故事啊。事情是这样的：雨点落到墙垣、道路、树叶和过路人的衣服上，呈现出血一般鲜红的斑点。还有极少数的情况，雨水夹杂着空气中的细微尘埃，那是像硫黄一样的金黄色，从天而降。于是人们说天上下起了血和硫黄。真相并不是这样的。这些令人心生畏惧的血雨、硫黄雨和普通的雨无异，只不过是其中夹杂着细微的粉末罢了。春天里百花盛开时，每一阵风都能吹起不少花朵的粉末，杉树盛开的小花里就饱含着金黄色的粉末，百合花里也时常可以见到。"

"是的，那些粉末太容易飘散了。我曾经把鼻子靠近一朵百合花去闻它的香气，但稍一靠近，鼻子上便沾满了它的粉末。"喻尔说。

"那些花的粉末叫作'花粉'。它们有时随风飘落，有时和雨水一起降下。林中的花粉混合了雨水，就形成了所谓的硫黄雨。"

"那么血雨和硫黄雨并不可怕，是吗？"克莱尔问。

"是的，毫不可怕。但是无知的人们不知道它的由来，因此认为这是凶兆，是灾疫。所以孩子们，只有知识可以化解恐惧。"

"以后我如果遇到了血雨或者硫黄雨，"喻尔说，"我是绝对不会害怕的。"

"还有一种情形，天空中有时会落下大批矿物质，如沙、矿石粉、灰尘；有时会吹来许多小虫，如毛虫、飞虫、幼小的蛤蟆等，它们以雨的形式稀奇亮相。遇到这些时，我们要知道，这不过是一阵强烈的风在作祟罢了，风把这些小东西从很远的地方吹来了。"

"当然，这样说也不尽然。比如有一种叫作蝗虫的蚱蜢，它们成群结队地行动，当食物匮乏时，便遮天蔽日般集体飞往别的地方去，远远望去就像一堆乌云。一旦找到新的食物就会停下来，这是植物的一场浩劫。用不了几分钟，这群飞虫就会把所有的树叶、谷物、嫩植啃食一空，寸草不留，就像被大火燃过似的。拜这些可恶的家伙所赐，阿尔及利亚（Algeria，在非洲之北）人民，曾因没有收成而大量饿死。

　　"还有一种灰雨，是由火山灰而来。所谓'火山灰'，是一种在火山爆发时被喷得极高的碎石和矿物质粒子。它们也会形成大片的云，把白天遮蔽的如同暗夜，不仅如此，在灰雨所及的地面，动物和草木都会在灰雨中被活活闷死。"

地　质

四十四、火山

"保罗叔，火山是什么？它可怕吗？"喻尔说，"我们不急着要去睡，你能把关于火山的事情讲给我们吗？"

"火山"早已经像小虫一样在艾米尔的心里团团转了，他也嚷着要听，保罗叔只好答应了他们的请求。

保罗叔讲道："顾名思义，火山就是一座可以喷火的大山，它还能喷出黑烟、灰烬、红热的石头和一种熔化叫作'熔岩'的东西。火山很大，它的山顶有一个大窟窿，叫作火山口，形如漏斗，直径差不多有十几里。火山口的下面是深不可测的通道，里面蕴藏着无穷的力量。火山大部分时间都是熄着的，或者偶尔喷出一缕烟。当你听到火山发出咕噜噜的震动声，看到火山口吐出很多燃烧着的物质时，便是火山要爆发了。欧洲的主要火山是意大利那波尔附近的维苏维埃火山、西西里岛上的爱特那火山、冰岛的海克拉火山。现在我要以欧洲火山中最出名的维苏维埃火山为例，讲给你们火山的秘密。

"如何判别火山喷发什么时候爆发呢？在晴朗的天气里，火山口会笔直地升起约5千米高的烟柱，这便是预兆。烟柱黑黑的，升起后盘旋在天空，在喷发前几日便会围绕火山沉积下来，像一大片黑云。接着，火山周围的地皮开始剧烈震荡起来，轰轰隆隆的声音比雷声还要迫人心魄。突然，一束有2000~3000米高的火焰从火山口里迸发出来。这突如其来的火好像把天空都要点燃了一样，山顶的云映满了红光，成千上万的火花瞬间溢满了火山口，势不可当地冲出了山顶，一路沿着火山的斜坡涌现出来。从远处望去，火花小小的，但事实上这些火花是很大的白热熔石，倘若它从几米的高空落下，足以将世界上最坚固的建筑砸得粉碎。

维苏维埃火山喷发的时候总是一发不可收，你们猜测它会持续多久呢？一天？两天？它会接连几个星期乃至几个月都在源源不断地喷发出红热的火石呢！"

"真是太壮观了！"喻尔说，"观看火山喷发时一定要站得远远的才行。"

"可是，住在山上的人们怎么办呢？"艾米尔问。

"火山爆发时一定要当心不要跑到山上去，火山烟和红热的石雨都是有致命危险的。我还要告诉你们，有一种被火山熔化的矿物质叫作熔岩，它从地心迸发出来，通过长长的通道涌出火山口，汇聚成一池湖水般的耀眼火焰，把整个喷火口都填满了。紧接着，地皮发出剧烈的晃动，雷霆般的响声震动天地，熔岩浆终于四溅开来，沿着火山口的四周决堤一样地冲向山下。熔岩浆里满是耀眼的火光和黏稠的金属溶液，像一条张开巨口的火龙，所经之处都被它燃烧殆尽，树木变成了焦炭，墙壁瞬间倾倒，即使最坚硬的石块都会被完全烧化，倘若不能在它到来之前逃命，人类也难逃被烧死的厄运。但熔岩的洪流终究是要停下来的。地下的水蒸气、空气中强大阻力，以及浮在火云中的细尘，都会迫使洪流在邻近的平原上沉下来，有时甚至被风带到千百里远的地方去。最后，火山终于恢复了平静。"

"这样说来那些靠近火山的市镇，也会被卷进火浆的河里去吗？"喻尔问。

"我很遗憾，这样不幸的事情的确发生过。这些我们明天再说，现在你们要乖乖地去睡觉了。"

四十五、加塔尼亚城的惨剧

"孩子们，我今天要给你们讲一个关于爱特那火山的故事，由此可以答复昨天没有说完的问题。"次日，保罗叔说。

"大约200年前，在西西里岛上发生了一次有史以来最可怕的火山爆发。某一个深夜，暴风雨刚刚离去，地皮突然猛烈地震动起来，那是前所未有的巨大震动，许多房屋都被震倒了，树木像稻草一样来回摇摆。人们恐惧极了，纷纷逃向乡间地头，以免被摇摇欲坠的房屋砸死。就在人们四处逃难的当口，埃特纳突然裂开了一道长约17千米的裂缝，许多火山口都沿着这条地缝涌了出来，伴随着轰鸣声，阵阵黑烟和燃烧过的灰烬喷射出来。七个火山口瞬间连成了一个深不见底的深渊，燃烧更加剧烈了，岩浆和灰烬也喷发得更加狂暴，这样的灾难竟然持续了4个月！再说埃特纳火山，它起初十分平静，几天过后，它就如同被唤醒了一样，喷出了高高的火焰，紧接着，整个火山都晃动起来，堵在喷火口四周的岩石都跌进了火山里面。第二天，有四个胆大的人自告奋勇地爬上了埃特纳山的山顶，想要一探究竟。他们看到喷火口因为岩石的塌陷比以前更大了，如果以前喷火口的边缘有4千米直径的话，现在恐怕有8千米了！

"同时，汹涌的熔岩，从山的各个罅隙里涌向平原，房屋、森林和谷物都在瞬间消失殆尽。离火山数千米外的海岸上是加塔尼亚城，这是一个大市镇，四周林立着高高的城墙。火山的洪流很快殃及了加塔尼亚城——它把一座小山移动了，许多道路都凌乱起来；它把整个葡萄庄园高高举起，烧成了焦炭。最后，火山洪流来到一处深阔的山谷里。人们认为山谷一定可以阻挡它的肆虐，他们终于得救了。然而，仅用了六个小时，山谷就被火浆充满了，溢出来的熔岩直冲市镇，若不是遇着另一条巨流斜冲过来，使它转变了方向，那加塔尼亚城将面临灭顶之灾。经过突然的转向，洪流把加塔尼亚的郊外统统淹没后，径直进入海里去了。"

"加塔尼亚人可真可怜。"艾米尔惋惜地说。

"事情远远没有结束，"保罗叔接着说，"火山洪流进入海里之后，更可怕的事情发生了。熔岩的前端直挺挺地有1500米宽，12米高，与水相接后，立刻升起巨大的水蒸气，带着可怕的咝咝的沸腾声，水蒸气的厚云越堆越多，直把天都遮黑了，邻近的天空下起了咸雨。才不过几天的时间，海岸线便消退了 300 米。洪流合并了新的支流高涨起来，直逼市镇而来。

"最后，岩浆冲垮了城墙，洪流进城了！"

"城里的人们要倒霉了！"克莱尔焦急地叫出声来。

"最危险的不是那些百姓，因为岩浆的质地浓厚多黏，行进的速度很慢，人们还来得及躲避；最糟糕的是那座城镇。因为地势较高，洪流四下散布，整个城镇命悬一线。几个勇士的出现挽救了这座城镇。岩浆的洪流凝聚成许多大石块，形成了一条运河，把自己包围其中。受此约束，岩浆保持着它的流动，继续它的吞噬途经的一切。于是勇士们想，如果可以挑选一处适当的地点，把这些天然筑成的渠凿开，便可以将岩浆引流，避开毁灭的方向。在他们的感召下，又来了一百多个这样勇敢的人，他们跑到岩浆的上游，用铁锤来击打河岸，河岸实在太热了，每个人最多击打两三下便要退换下去。经过大家不懈的努力和坚持，最终凿开了一个裂口，如他们所愿，岩浆从这个缺口里流了出去。加塔尼亚城得救了。虽然躲避了灭城之灾，但加塔尼亚城还是受到了很大的损失，在这次灾难中，有三百间民房被毁坏，几座宫堡和教堂也遭殃了。受此牵连，加塔尼亚城外方圆 20~25 千米的地域，都蒙上了一层熔岩，有些地方甚至达到了 13 米，同时还有 27 000 人的房屋遭到了毁坏。"

"多亏了这些勇敢的猛士，如果没有他们，加塔尼亚城就完了。"喻尔说。

四十六、普林尼的故事

"我来用一个故事让你们知道火山灰烬的威力吧。这个故事是由一位叫作普林尼的著名作家遗留给我们的。"保罗叔讲了起来。

"公元 79 年，那是很遥远的一个年代，那时的欧洲意大利半岛上著名的维苏维埃火山还是个十分平静的山。它不像现在这样时常喷着一个圆锥形的烟柱，而是横亘在地面的一片微凹的平地，长满了各种草木植被。山脚下有两个市镇，一个叫汉克来能，一个叫旁贝，在当时极为出名。

"在8月23日下午1点钟时，这座平静的老火山突然喷起烟来，维苏维埃火山在此之前的最后一次喷发还是在人类有史以前。只见它的上空盘旋着一堆黑白变幻的云层，云朵不断累积，缓缓上升，突然，它像是不堪重负了一般骤然下垂，轰的一声散开很大的范围。就在不远处的一个叫作梅西那的海口，住着作家普林尼的叔叔，他把当时发生的一切告诉了普林尼，因此这个故事才被保留下来。当时普林尼的叔叔吩咐罗马的战船停靠在海口，他亲眼看见了维苏维埃山的变化，想到山下的危险，他毫不犹豫地带领战船前去救援，同时也可以近距离的观察维苏维埃山。而此时山脚下的百姓呢，早已在惊慌失措中四处逃散了。普林尼的叔叔勇敢地朝危险的山脚下走去，那里正危机四伏。"

　　"普林尼的叔叔真棒！"喻尔叫道，"我多么希望我能和他一同前往啊！和勇敢的人在一起，我们也会毫无畏惧的。"

　　"喻尔，这可不是一次游戏。火山口迸发出的炙热灰烬混合着烧成了灰的石头，将战船团团包围；大海似被激怒了，咆哮着翻涌不止；山上的碎石不时地滚落下来，阻断了所有接近的路径。当地居民的恐慌可想而知。维苏维埃山顶的几处地方突然喷出了很大的火焰，人们的恐惧无以复加。为了给同伴壮胆，普林尼的叔叔谎称那些火焰是附近几个荒废的村落起火了。"

　　"那他自己知道事实真相吗？"喻尔问。

　　"他是知道的。他深知这其中的危害。可身体的疲乏使他陷入了睡眠。不知什么时候，他醒了过来，此时窗口堵满了灰烬，屋子里充溢着浓浓的烟气，他甚至已经动弹不得了。房屋被不断地撼动着，也许用不了多久它就要倒了。附近的很多房屋已经崩塌了。大家决定再回到海上去。天空中纷纷落下烧化的石子，就像是下了一场石雨。人们将枕头顶在头上挡石雨，手里高举着火把。在同伴的支撑下，普林尼的叔叔和其他同伴终于到达岸边，正想要停下来缓口气时，又是一阵猛烈的火焰，夹杂着呛人的硫酸气息一齐涌了上来。无奈大家只得继续前逃。可是，普林尼的叔叔没走几步便倒了下去，再也没有起来。他是被火山喷射出来的灰烬窒息的。"

　　"太可惜了，如此勇敢的人就这样死了。"喻尔惋惜地说。

　　"当普林尼的叔叔倒下时，普林尼正和他的妈妈在梅西那，他是这样描述当时情景的：'在我叔叔离开后的那天夜里，地皮开始猛烈地震动起来。房屋仿佛马上就要塌下来了，我和妈妈便在离海不远的广场上坐了下来。我那时十八岁，还有些无知，竟全然不顾地读起书来。我叔叔的一个朋友见此情景便责备起我们，随后引导我们四处找寻安全的避难所。虽然这时已是早晨七点钟了，可天色却非常昏暗，我们几乎什么都看不到。房屋震动得越来越激烈，好像随时都会倒塌。我们跟随着其他人离开了城市，在很远的地方停下来。我们满载行李的车子也跟着摇晃起来，我们在车轮上绑了石块，但这仍然不能使它平稳。受地面震动的影响，海潮也退了回去，在海滩上留下许多干死的鱼干。不久，一片可怕的黑云追上了我们，它的边缘布满了闪电，黑压压的沉了下来。我的妈妈跟着我全力先行，生怕她年迈的脚步将我拖入陷阱之中。"

"普林尼丢下他的妈妈独自逃生了？"喻尔问。

"他并没有那么做，他始终搀扶着自己的母亲，鼓励她只要坚持就一定可以一起生还。孩子们，你们也要和他一样，知道吗？"

"普林尼太棒了！"喻尔说，"他和他的叔叔都是好样的！那后来呢？"

"后来黑暗笼罩了天地，什么都看不见了，灰烬不停地洒落下来。人们害怕极了，哭声、叫喊声、风声、乱成一片，他们想世界末日降临了。普林尼和他的妈妈在远处的地上坐着，黑暗中他们摸索着拍去身上的灰烬，灰烬大有将他们埋葬之势。忽然，神奇般地，烟消云散了，太阳出现了。这时人们才看清地面上的狼藉之象——地面上覆盖着厚厚的灰烬，所有的建筑都被摧毁掩埋了，包括汉克来能和旁贝在内的山脚下的城市，统统都在灰烬下消失不见了。"

"难道百姓也被活埋了？"克莱尔问。

"只有一小部分人如此。大部分的百姓都像普林尼母子一样，躲到相对安全的地方去了。在距今 1800 多年前的今天，汉克来能和旁贝两座城市终于被挖掘出来，还原了当时的情形。"

四十七、沸水罐

故事刚刚讲完，邮差便送来了一封信。信是保罗叔的一个朋友寄来的，信中邀请他进城去办理一件重要的事务。保罗叔决定借此机会带着两个小男子汉进行一次短程旅行。

在顺利办理了检票事宜后，保罗叔带着孩子们来到了候车室。喻尔和克莱尔都很听话，乖乖地跟在保罗叔身后，并不打闹。没多久，蒸汽的咝咝声由远及近，保罗叔告诉孩子们火车到了。未见火车，先见其头。它缓缓地停住了。喻尔透过候车室的窗户探头好奇地张望着，他想要知道这个笨重的大家伙是怎么转动着巨大的轮盘快速前进的。

跟随着保罗叔，他们上了火车。蒸汽再次咝咝地响起来时，火车开动了。

"保罗叔，快看呀！"艾米尔惊叫起来，"那火车正转着圈儿呼呼地跑呢！"

保罗叔将食指竖在唇前，示意他不要说话。保罗叔在旅途中不喜欢讲话，他认为在公共场所喋喋不休是非常不礼貌且没有自制力的表现。

旅途进行得很愉快，傍晚的时候他们就返回到家中了。老恩妈特地备下了丰盛的晚餐，吃过晚饭后，喻尔首先开了腔："这次旅途最使我难忘的是火车前头的那个机器，它牵引着那么一长串沉重的车辆，载着无数的乘客，却可以像一头猛兽一样奔跑，它是怎么做到的呢？"

"喻尔，要知道它并不是独自奔跑的，"保罗叔回答道，"是蒸汽在推动着它不断向前。要说明这个原理，我们还是先来搞清楚蒸汽是什么吧。"

"还记得我们之前说过的'蒸发'吗？当我们烧水时，水受热到一定温度便会沸腾，蒸发成水蒸气漫布在空气里。如果沸腾不止，持续一段时间后，我们便会发现，水都不见了，只剩一个空空的水壶了。"

"这和前几天恩妈煮红薯的情形相似，"艾米尔插言道，"锅里正煮着几个红薯，因为做家务，恩妈忘记了照看锅子，待她想起来去看时，锅里已经一滴水也没有了，红薯都被烧焦了。"

"这是因为水受热后变得像空气一样了，"保罗叔解释说，"这就是所谓的水蒸气。"

克莱尔想起了保罗叔之前所说的，"保罗叔，你之前讲过，潮湿的空气、云和雾产生的原因，都是水蒸气。"

"非常对，克莱尔。那时所说的水蒸气，是由于太阳的光热所产生的。温度越高，水蒸气产生得就越多。但如果你把满满一罐水放到火上去烤，所得到的水蒸气会比炎炎夏日里高温所致的水蒸气要多得多。因为水蒸气都分散在空气里，我们常常无法观测，因此不会了解它的威力。但是如果我们把罐子的盖子拧紧，使蒸发成的水蒸气无处可逃，它的力量便可十分清晰地展示在人们眼前了。罐体内的水蒸气会大量膨胀，每一滴水蒸气的力量都不容小觑，它们各自向不同的方向挤压着，无论多么坚固的容器，都会在蒸汽的强大力量作用下爆裂。下面我将用一个小瓶模拟进行这项实验给你们看。我之所以选用一个小瓶而且不拧紧瓶盖，是因为我要方便瓶盖快速被蒸汽冲开。倘若我像刚才描述的那样用一个水罐拧紧进行实验，恐怕我们的屋子会被瞬间炸掉的，我们也会因此而丢掉性命。"

实验开始，保罗叔将一个玻璃瓶内灌入一指深的水，瓶口用木塞紧紧地堵住。他把玻璃瓶放在燃烧着的火上，迅速引领大家躲到花园里去，只有离得远远的，才能确保安全。几分钟后，火堆边传来了砰的一声巨响。大家赶忙跑去查看，只见玻璃碴儿散碎一地，几分钟前的玻璃瓶已经荡然无存，可见威力之大。

"孩子们，你们看，爆炸和玻璃瓶的破碎都是蒸汽所致。在高温的作用下，瓶体内的水蒸气不断的聚积、推挤，压力越来越大，当瓶体无法承受时，便爆破成了这副模样。对了，我还忘了告诉你们，蒸汽在容器内形成的力量叫作压力，温度越高，则压力越大。当热力源源不断时，压力的能量是无法想象的，其威力不亚于一枚炮弹啊。"看着孩子们惊异又好奇的样子，保罗叔嘱咐道："事实上，刚才我所做的实验也是充满危险的，稍有不慎便会伤及你们的眼睛和皮肤，因此需要极其小心。你们不可以私自进行这项危险的实验，而且我也不允许你们用一只密闭的玻璃瓶来加热，这实在是太危险了。如果有谁不肯乖乖地听话，那我以后就不会再和你们一起玩耍了，更不会再讲故事给你们听了。"

"放心吧，保罗叔，我们一定不会那么做的，"喻尔保证道，"我们知道那太危险了。"

"好极了。说到这里，你们应该已经可以理解火车头和其他机器的动力来源了吧！相同的原理，在机器里面装有一个密闭而坚固的汽锅，汽锅下面是一个火炉，火炉燃烧利用热力把锅里的水加热成蒸汽。蒸汽的巨大力量促使机器运转起来，就像火车头可以在蒸汽的作用下拉动前进一样。蒸汽机中最关键的就是那个密闭的容纳沸水的罐子。"

四十八、火车头

"孩子们，且让我用图片来说明火车头的运行原理吧。"保罗叔边说边展开一张图片。

"你们看，图上是一辆火车头。最大的部件是那个圆筒形的燃烧沸水的罐子，它便是制造蒸汽的汽锅，它被六个轮盘承载着。汽锅采用坚硬的铁板制成，被大而坚固的铰钉紧紧地绞在一起。汽锅的上面接有一个高高的烟囱，汽锅后面是一个火炉间，火炉的门敞开着。负责把煤块装进火炉里去的工人叫作司炉，他的职责是用铁铲一铲铲地把煤送进火炉里，只有用充足的热力来给汽锅里的水加热，才能得到足够的蒸汽。司炉常常用一根带火的铁条疏通火炉，使煤能很快地烧起来，以确保热力迅速将水烧沸。在火炉的末端，连接着许多的铜管，火炉里的火焰通过钢管很快地流到水的中心，因此得以迅速地取得所需的蒸汽。"

"再来看紧靠着火车炉前头的下面，一左一右各有一个短圆筒，圆筒内各插着一个铁质的塞子，叫作'活塞'。再看在汽锅的大圆筒顶上，有个形状像钟一样的帽子，叫作'汽室'。只要把气门打开，蒸汽便进入汽室，进而通入短圆筒的管子里。"保罗叔不慌不忙地拿出了另一张图片，"蒸汽进入短圆筒之后，便像这张图上描绘的一样。这张是蒸汽机的解剖图，也是火车头上短圆筒的放大解剖图。你们看，那蒸汽从输汽管里送进来以后，便冲入圆筒的左面，把活塞紧紧地推挤；活塞被推，便退到右边去。但是活塞是连在一根铁上的，这根铁名叫弯轴，弯轴才连到轮子上。所以蒸汽推活塞，活塞推弯轴，弯轴推轮子，于是火车头便被牵动了一下。现在再回到圆筒上来。那活塞从左被推到了右，动了一动，同时连在弯轴上的还有一根杠杆，这根杠杆又连在活瓣上。因为弯轴一动，杠杆便把活瓣从右推到左，成为如蒸汽机解剖图的下幅图那样。活瓣是把左边蒸汽的进路关闭了，而开了中间那个让蒸汽逃出去的洞；同时却把右边放开了一个蒸汽的进路，让它进来。紧紧地把活塞向左推挤，左边本来是有蒸汽的，后来因为它把活塞推向右边时，杠杆把活塞推了过来，关住了进路，开放了出路，所以活塞再从右被推回来时，左边的蒸汽便都从洞里逃出去，不再推挤活塞，不让它退回来了。活塞被蒸汽推到左、推到右地动着，连在活塞上的弯轴也不断地推着轮子，火车便开动起来了。"

"这实在太复杂了，让我再重头回顾一遍吧。"喻尔皱着眉头说。

于是保罗叔从头讲起，"蒸汽从汽锅里出来，汽锅受热后不断地产生蒸汽，蒸汽更迭着围绕在活塞前后进入圆筒里。当蒸汽在活塞前面时，后面的蒸汽便逃到外面去了；当蒸汽到后面时，前面的便逃掉了。活塞在圆筒中被蒸汽前扑后拥地推动着，火车便开动起来了。活塞的形状就像一块圆铁饼，铁饼中间插着一根铁棍，从圆筒一端所开的孔中穿出筒去，孔的大小开凿得刚刚好，可以通过铁棍，也不会使蒸汽白白漏掉。与铁棍相连的弯轴像我们手臂的关节一样可以活动，最后弯轴连到附近的轮盘上。火车头便行驶出去了。"

"保罗叔，我现在已经不像之前那么困惑了，"喻尔说，"蒸汽推动活塞，活塞推动弯轴，弯轴推动轮盘，机器便发动了。是这样吗？"

"蒸汽在推动活塞以后，进入充满黑烟的烟囱里。所以你们看见那烟囱一会儿喷出白烟，一会儿又喷出黑烟。从圆筒里出来的烟便是白烟，火炉通过在水中的管子出来的烟便是黑烟。白烟在推动活塞以后猛地从圆筒冲到烟囱里，使得机器发出声音来。"

"没错，我听到过，呜——呜——呜——就是这样的。"艾米尔高声说。

"为了燃烧火炉，火车头里要装载大量的煤，还要承载足够的水以供汽锅里蒸发所用。这些煤和水都装载在煤水车里。煤水车里除了司炉负责火炉，还有一个人，负责管理蒸汽进入圆筒的工作，那便是司机。"

"这个人是司机吗？"艾米尔指着图上的小人问。

"是的，他就是司机。他的手里掌管着气门的开关，需要多大的速度，他便放相应的蒸汽进入圆筒。一旦气门关闭，蒸汽无法流通，机器便停止工作了！"

"当然，火车的行驶并非只考虑蒸汽的动力，若想带动又长又重的车厢轻松疾驰，还需要两条叫作'轨道'的铁条，就像你们在火车站上看到的，它们是两条平行的坚硬铁条，火车车轮凸出的设计正好与轨道吻合，确保火车的轮盘既可以在铁轨上顺畅滚动又不会滑出轨道之外。火车畅通无阻的行驶在这样的铁路上，速度飞快。一辆15万千克重的载客火车，一小时能行至50千米；一辆65万千克重的运输火车，每小时的速度可高达29千米。同样的速度和距离，如果雇马车，则分别需要有 1300 余匹马和 2000 匹马才能达到。这么庞大的规模，一辆火车便可以代替了。这一切都要归功于蒸汽机的伟大发明。"

"保罗叔，第一个想到用蒸汽的聪明人是谁呀？"喻尔问，"他一定是一位伟大的发明家。"

"最早提出应用蒸汽为机械提供动力的是一位法国人，他叫丹尼斯·柏平（Denis Papin），但是很遗憾，两百年前人类的意识尚且不能达到理解这项伟大提议的水平，因此没有人愿意支持他的想法，最终潦倒一生。目前广为人知的蒸汽机发明者是英国人詹姆斯·瓦特（James Watt）。"

四十九、艾米尔的观察

艾米尔想起了他在上次旅途中的疑问，表示有话要说。"保罗叔，火车刚刚启动的时候，你示意我不要出声，"他说，"我那时看到车窗外连排的大杨树都在向后跑去，田野和沿途的村落也一起在向后跑，我还没有来得及跟它们打招呼，它们就已经跑远了。好奇怪呀！后来我定睛一看，原来是我们在动，而它们还在原地，怎么会这样呢？为什么它们没有动，可我却感觉到它们在跑了呢？"

保罗叔微笑着答道："我可爱的艾米尔，你尚且还不认识静止与运动的关系呢。当我们舒适地坐在火车里的时候，我们实际上是在移动的，只是我们的双脚并没有进行任何活动，我们眼前的所有事物都没有发生任何改变，就像面前的水杯、周围的旅伴、车上的设备等，都保持着同样的状态，丝毫未动。火车内的事物都是固定的，我们并不会察觉火车正在前行，以非常快的速度前行着。当我们认定自己是固定不动的时候，窗外的一切便看似活动起来了。事实上，身未动，路已远，我们早已跟所乘火车的移动而发生了位置上的改变，如果我们是在向前走的，而我们在火车内是相对静止的，那么车窗外的一切就好像在向后运动，但是，一旦火车停下来，你所产生的幻觉也会立刻停止，那是因为我们的目光不再跟随火车发生移动了。这种错觉，在你乘坐汽车的时候也时常容易产生。"

"我听懂了你的意思，保罗叔，但是我还是想不明白，"艾米尔接着问，"我

地
质

93

们在动,却看着别的东西在动,我们跑得越快,为什么别的东西似乎跑得更快了?"

"艾米尔,你问的问题非常好,对它的解读涉及一个科学的真理问题,这个问题也时常困扰着很多人。我来给你们讲一个故事:在一列火车上有很多人,这是一列奇特的火车,它前行从来没停止过,也不曾发生速度的改变,因此车上的人们也从来没有走出过火车,像艾米尔一样,他们也看到窗外的树木和房屋在向后移动,而且深信不疑。直到有一天,火车上有一个爱思考的小伙子,他经过反复思索终于想明白了一件事情,于是他站起来大声说:'我们一直认为自己是静止的,而窗外的世界是移动的,这是错觉!事实上,情况刚好相反,我们在动,而树木、房屋、山丘都是静止的。'你们以为火车上的人们会认同他的观点吗?不,没有一个人赞同他所说的,甚至人们都鄙夷地嘲笑他。"

"那真是太糟糕了!"克莱尔说。

"是的,要改变一个在我们脑海中根深蒂固的错误,是非常不容易的。你们也时常说错呢。"

"保罗叔,这句话是什么意思?"

"你们时常说'太阳升起来了''太阳又落下去了',那是因为你们把太阳和浩瀚的宇宙看作运动的,而把我们所处的地球看作静止的。"

"的确是如此,"喻尔说,"在我们看来,太阳每天都是从东方升起,在西方落下。月亮和星星也是这样,从一边升起,再从另一边落下。"

"让我把从书上读到的一个怪人的故事讲给你们听吧。有一个怪人,他的思维总是很奇特,与常人不同,那些简单平常的问题他往往无法迅速解答,人人都嘲笑他。有一天,他想要熏一只小鸟,但他并没有像常人一样把小鸟拿到火上去烤,你们猜他做了什么?那怪异的行为恐怕你们永远都不会猜到——他造了一架复杂的机器!那机器上有齿轮、滑车、平衡锤,当机器启动起来,各个部件好似都在运转,前前后后、上上下下,部件之间相互碰撞,发出叮当的响声,十分刺耳。这个机器看上去笨重极了,倘若不赶紧关掉,屋子都要被震塌了。"

"那这架机器是做什么用的呢?"克莱尔问,"难道可以把小鸟儿自动放到火上去吗?"

"怪人可全然不会这么想。这机器是用来把火挪到小鸟旁边的。炉火、烟囱、灶台,这架巨大的机器一应俱全,就像一个可以移动的厨房。"

"哈哈，他真是太滑稽了！"喻尔笑道。

"孩子们，你们在嘲笑这个怪人的时候，是否想过你们也曾犯过类似的错误呢？你们把地球当作小鸟，认为它是固定静止的；把承载着太阳和无数星星的宇宙当作屋子。"

"如果是那样的话，太阳也不过只有一块圆磨石那么大而已。"喻尔说，"但是地球是那么大！"

保罗叔诧异地说："我的孩子，你刚才说什么？太阳像一块圆磨盘石那么大？我想你一定还有很多事情不知道，那么我们就先从地球讲起吧。"

地
质

地球与宇宙

五十、到世界的尽头去

"从前有个如喻尔般大的小孩子，他渴望获得知识。一天早晨，这个小孩吃饱了早餐，带着一个满满的篮子，篮子中装满了食物，有六个坚果、一块奶油夹肉面包，还有两个苹果。"保罗叔讲道。

"他要远行，没有告诉任何人，显然打算不辞而别。家里人并不知道他的旅行计划，他怕妈妈用唠叨和眼泪来阻拦他。"

"他要去哪儿呢？"艾米尔问。

"到世界的尽头去！"保罗叔答。"小孩子先去了乡村。此时的路对于他来说，向左走还是向右走别无二样，因为一切道路看起来都指向他的目的地。

"最终，他选择了右边的路。那是一条布满荆棘的小路，路边发着金绿色光芒的硬壳虫不能令他停留片刻,河溪中浮游的红肚小鱼也无法停下他匆匆的脚步。有时候，为了赶路，小孩子还会横穿田野。一个小时后，篮子里夹肉面包便被饥肠辘辘的他拿出来吃掉了。又过了一个小时，一个苹果和三个坚果也没有了。离家的人最容易感到饥饿。最后，在一棵大柳树下面，剩余的那个苹果和三个坚果同样被一一取食了。食物没有了，双腿也不肯再走了。你们思忖一下此时的状况，原本打算一直走到世界的尽头，可刚刚过去两个多钟头，已经把体力和食物全部耗尽了。小家伙决定往回走，他想等体能和食物准备充分时，再实施他的计划。"

"他的计划就是要走到世界尽头，可世界尽头究竟在哪里呢？"喻尔问。

"照那个小家伙的意思，他以为天是一个蓝色的圆盖，笼罩着四方大地，直到地球的边缘。因此，如果他能走到地球的边上，或许得弯下身子才能前行，以免头被天撞疼了。他为此出发，以为用不了多久就能够碰到天了，但是那蓝色的圆盖在他一路向前时，也随着退下去。很快，因为乏累和饥饿，他便不肯再继续他的行程了。"

"我也曾认为天空是一个蓝色的盖子，架在地面上。"艾米尔说，"只要一个人能够耐心地走下去，总会走到世界的尽头。还曾相信，太阳是从这些山后升起，最后落到那一边的山后去，那里肯定有一个深洞，太阳在里面整夜地躲避着。直到有一天，叔父带我去爬了一座山。起初在山脚下时，那山确实好像是被一个蓝色的圆盖子所笼罩着，随着我们越爬越高，天的边看起来仍停留在地面上，只是远了许多。似乎到了尽头还有更远的尽头，并且我也没看见太阳落下去的深洞。"

"这圆盖本来是没有的。"保罗叔解释道，"世上没有哪个地方的天地是相连的，所以我们大家既不要期盼也不要担心会在世界的某个角落能触摸到天或碰疼头。还有最重要的一点，我们可以一直走下去，路过地球上不同的地貌，但终究找不到一个地方，那里写着：世界尽头。"

"我的孩子们，叔父给你们举个例子。"保罗叔说，"假设这里有一个拴着绳子的大皮球，停在半空，在它的上面有一只小昆虫。如果这条小虫有一个走遍整个皮球的打算，那么它可以上下左右随便地跑，却不会遇见障碍物；如果它能一直按照同样的方向前行，那么在绕了皮球一周后，这条小虫将会回到它曾经的出发点来。我们生活的地球就像这个大皮球，而我们则是这条小虫。无论我们在地球上如何行走，都不会遇到障碍——也就是所谓的天边或尽头，我们是无法触碰到天的圆顶的。我们所看到的那个蓝色的圆盖，只不过是由于包围在地球四周的空气造成的。"

"这真是个好例子，我一听就懂。"喻尔说，"既然皮球是由绳子拉着才能停在空中，那么地球是靠什么而挂在半空的呢？"

"地球并不像地球仪那样，有一个坐盘，它不被天上的任何锁链系着，也没有任何支柱。地球孤立于大气中，按照自己的轨道浮游着。"

"那它为什么不掉下来呢？"喻尔坚持说。

"皮球因为在空气中，受到重力的影响；而地球是在大气中，是没有重力的。大家想象一下，地球它自身是不可能再掉到地球上的。在地球四周，一切都是一样的。确切地说，那里是没有上下、不分左右的。我们平时说的'上面'，指向附近空间之上，或者说指向天，但是记着吧，在地球的另一面也是天啊，那里的天也像我们这里所见的一样，并且这也是地球表面各部分所见的真实情形。假如你觉得非常简单，地球并不会冲向我们之上的天，那么你为什么会以为它会冲向另一面的天呢？跌到另一面的天上去，其实就是升起来，好像这里的一只小鸟儿升起一样，那小鸟儿只需触及它的翅膀就可以逃跑，在我们头上翱翔了。"

五十一、地球

"地球是圆的。"

"当一个旅行的人从郊外走向一座城市的时候，在远处，最先看见的是城里最高的地方，如塔和楼阁的尖顶等。等到较近处时，那塔的最高层便可完全看见了，随着距离的逐渐缩短，视线所及的东西就越多，上自最高的、下至最低的，都能看见了。那是因为地面是呈圆弧形的。"

"就以那座塔为例，最远处是看不见这座高塔的顶部的，因为地面的圆弧线遮蔽了它。近一些观看，高塔的上半部分逐渐清晰可见，但下面还是看不见。只有再走近一些，才能完全看完整这座高塔。倘若地面是平的，则完全不是这样了。从任何距离看去，都应该能看见那座塔。从远处看，自然没有那么清楚，这是因为距离远了的缘故，但总能从头到尾都看得见。不仅在陆地上，海中也如此。"

"道理是相同的。"保罗叔说。

"地球到底有多大？"这是喻尔的第二个问题。

"地球的周长约为 4 万千米。形象一点说，这长度需要两三千万人手拉手才能在地球的大肚子上绕一周。这么多人，相当于法国的全部人口。假如我们天天行走，一天 40 千米，假定地球表面全部是陆地，绕一圈也要走上三年。普通人一天走 40 千米，一定会筋疲力尽，第二天大多也无法继续行走了，哪里还能坚持三年呢！"

"我走得最长的一次是那次冒雨去松树林里看行列虫。记得那天最后我的腿简直像灌了铅一样的沉重，那次我们走了多远，叔父？"喻尔问道。

"约 16 千米，来回各 8 千米。"

"只是 8 千米，我就已经累得够呛。如果让我来走遍世界，即便再努力，想要绕地球一周，也要七八年的时间啊！"

"你算得不错。"

"那么地球可以算是一个很大的巨球了吧？"

"是的，孩子们。"保罗叔说。

"如果地球是圆的，"这时克莱尔插话道，"但它的表面有巨大的高山和静幽的深谷，如此高低不平，为什么地球还是圆的呢？"

"那就让我们再来举一个例子吧。我们用一个直径 2 米的大球来代表我们的地球，然后以正确的比例，把几个主要的高山，凸铺在浮面上。世界上最高的山，是珠穆朗玛峰，这是喜马拉雅山系的一部分。它的峰顶高至 8844.43 米。很多云彩的高度也只能到达塔的胸腰，在这样一个巨大的怪物面前，人类是如此渺小。将这样一座庞然大物放在代表地球的大球上，该用什么来标示呢？仅仅是一粒微小的沙子而已，就像夹在你们的手指间便会落掉的沙粒。可见，再雄伟的高山，一旦和地球相比，便算不了什么了！"

"虽然橘子表皮上会有皱纹，但它始终是圆的。地球也是一样：虽然地表上高低不平，但它仍是圆的。这是一个巨大的球，撒着一粒粒的沙尘，依着如此的比例，这些沙尘便是一座座山脉。"

"好大的地球啊！"艾米尔叫出声来。

"要丈量地球的表面，看起来似乎是不可能的事，但人们不仅做到了，而且还称出了地球的重量。我们当然不可能把地球放到天平上来称重，人类利用科学的力量解决了宇宙的奥秘，虽然在天体中地球算不上太重，但也有 60 万亿亿吨！"

"它实在是太重了！"喻尔惊叹。

"是 6 后面再加上 21 个零吗？"克莱尔问。

"没错，我的孩子。"保罗叔答。

"我的头已经被这巨大的数字弄晕了。"艾米尔说。

五十二、大气

"我们平时之所以能够感受到风，是因为空气的震荡。空气的活动形成了风，空气会像流水那样，从一个地方流到另一个地方。"

"空气无色透明，无法被我们看到，只有它们聚集起很厚的大气层时，才能看出些细微的颜色来。水在量少的时候，也似空气般无色，当聚滴成江河湖海时，才会呈现出蓝色或绿色。关于这点，水和空气的道理相同。"保罗叔说。

"包围在地球周围的大气层，这是有着60千米厚的空气海。所以其实是大气造成了天空的圆盖形状。好的，孩子们，你们知道吗？像鱼儿生活在水里一样，我们人类就住在这片空气海下，这有什么好处吗？"

喻尔想了半天，还是没有结果，"不知道。"

"没有了这个空气海，世上的一切生物都无从谈起。空气对于人类非常重要。对于它，我们似乎缺少自觉或有意的需求，而空气却跑进了我们的身体，发挥了它奇妙的作用。我们生活的第一件要事便是空气，以致日常的营养还在其次。食物的需要，只有在较长的期间才能感觉得到，而空气的需要则是每时每刻的。"

"叔父，这还是我第一次意识到空气是这么重要，"喻尔说，"可我一点也不觉得自己是在吃空气呢！"

"呼吸是人类的本能，"保罗叔说，"不需要理性控制，空气在不知不觉中被吸入人体。不信，你们可以试着捂住自己的鼻子和嘴巴，阻止空气进入体内。"

喻尔照着他叔父的话进行了一次试验，他把嘴巴闭上，再用两个指头塞住自己的鼻孔。只一会儿工夫，他的脸便红涨起来了，这孩子不得不停止了这次试验。"我差点被闷死了！"喻尔大口喘着气，叫道。

"所以说，生命存活的第一条件就是空气。"保罗叔说。

"那么，为了满足全世界所有生物的需要，必须要有非常非常多的空气喽！"艾米尔插言说。

"没错！真的需要很多的空气。我们每个人在一个小时内，大约需要6000立方米的空气。但是大家不必担心，大气——空气的海洋——是非常之大的，足以供给我们所需的空气。"

"这么多的空气，称起来是不是很重呢？"克莱尔问。

"空气是一种最轻微的物质；1 立方米的空气，只有 1300 克，而相同体积的水称起来，则有 1000 千克；就是说水比空气重 769 倍。显然，大气的巨大的体积，所有空气的总重量，将要超乎你们最大的想象力了。"

"大概有几百万千克吧？"克莱尔问。

"这还差得远呢，孩子！地球上空气的总重，是一个惊人的数字！惊人到在计算重量时，数字已经不够用了。所以我们现在要把它描述得形象一些，假设有一个铜块的重量是 90 亿千克，那么大气的总重量足有 585000 块这样的铜块的重量呢！"

"啊！我已经无法算出这究竟是多重了！"克莱尔说。

"人类身处地球、活在大气的底层，经过自己的思考和科学的计算，可以把大气和地球的重量都计算出来，这是多么伟大啊！"

五十三、太阳

第二天，保罗叔和孩子们一起爬上附近的山峰去看日出。他们一行人趁着黎明前的黑暗，穿过村庄，一直到山顶。

天色渐渐明亮起来，星星们都知趣地躲了起来。天空中闪烁着微弱的光明，因此大家已经可以看到玫瑰色的云彩了。这一微弱的晨光，预告着日出，是曙光，也可以称之为黎明。突然，一阵明亮的光线射了出来，照在山巅之上。这是马上要升起来的太阳的边缘，地球在这个光芒四射的怪物下悸动着。随后，那发光的圆盘继续上升着，一点点露出头来，直到完全出来，极像一块红热的铁圆磨盘石。朝雾努力地调和着那刺眼的光芒，却最终难以抵挡，太阳的光芒照耀着大地和山谷；雾气从深谷中升起，四散逃开；叶子上的露珠开始因为温度的上升而蒸发。总之，太阳循着从东到西的路线前进着，把自己的光和热洒遍全球。

这时，一只百灵鸟一飞冲天，伴随着大家赞叹的目光消失在最高的云朵里了，它是第一个迎接白日到来的生灵。因为太阳的回归，此后，一切生物陆续会从睡梦中醒来，枝叶沙沙作响、鸟儿会歌唱、牛儿要下田，大自然开始重新变得充满生气。

"太阳大吗？它离我们远吗？"艾米尔问。

"天文学家曾计算过地球到太阳的距离，"保罗叔说，"从我们这儿到太阳有 1.52 亿千米。这个数字太抽象了，我们来说个容易理解的。这个距离相当于地球周长的 3800 倍。我以前告诉过你们，假如一个人——一个体能良好的旅行家要绕着我们的地球走上一圈，需耗时近三年。如果某天，人类真能修筑出一条从地球到太阳的公路的话，那么走完这条路，需要将近 12000 年。"

"哇！这也太久了！如果坐火车呢？跑完这条路需要多久？"喻尔问。

"假设一趟列车永不停止地向前跑，每小时前行 60 千米，以这样速度奔跑的火车，从地球到太阳也需要 300 多年。"

"就在不久之前，我还以为只要爬到屋顶或山顶上，再借助一根长芦苇的帮助，便能触碰到太阳了呢！"艾米尔说。

"正是因为太阳距离我们是那么遥远，所以看起来就像是一块磨盘石那么大。"喻尔说。

"叔父，那么太阳到底有多大？"克莱尔问。

"好的，这个问题就让我来回答吧。"保罗叔说，"首先太阳和地球一样，都是球体。我们知道一切事物在我们人类的眼中，越远则越小，远到极限就看不见了。虽然太阳在我们眼中好像跟一块磨盘石差不多大小，其实它比我们居住的地球要大上 130 万倍！假如说一座城市的人口有 130 万，地球只是这座城市里一个最普通的人而已。"

"我们真是猜错了！"克莱尔叫起来了，"这个看似小小的圆盘，原来竟如此巨大，地球的大小和它比起来，简直微不足道了。"

"我还没有讲完呢，我的好孩子。前面我给你们讲闪电与雷声时，曾说过光的速度非常之快。从地球到太阳，一辆火车需 300 多年的时间，而太阳光到地球只要 8 分钟。"

"在宇宙中，还有很多很多像太阳一样的恒星。夜晚天晴的情况下，我们看到的每一颗星星，无论在此地看来是如何的渺小，其实都是一颗比我们的太阳还要大的太阳。当然，它与我们的距离也是非常遥远的，即便是离我们最近的一颗恒星所发出来的光也需要四年的时间才能到达地球。有的甚至需要花费千万年的时间！假如有可能，等你们长大后，你们可以自己计算一下这些曾在儿时夜晚陪伴过你们的小星星距离我们到底有多远。"

五十四、日与夜

"太阳每天都会东升西落，从不怠工和请假，它这样不休息地围着地球跑，难道不累吗？"喻尔问。

"不，孩子，刚好相反！"保罗叔说，"假设距离地球 1.52 亿千米的太阳，每天围绕着地球转动，大家知道一分钟太阳需要走多远吗？要走 40 余万千米！这么快的速度是不可能的。退一步讲，太阳每分钟真的可以走 40 万千米，那么那些比太阳还遥远的恒星呢？如果这个假设成立的话，那些恒星的速度将按照与地球的距离，从近到远，越来越快。这显然是不可能的。"

"那就是地球在转动喽？"克莱尔问。

"是的，孩子，而我们则随着地球一起在转动。因为地球的转动，太阳和恒星在我们看来好像在朝着相反的方向移动，就像我们在火车上看到的树木和房子都是在向后跑的道理一样。既然太阳看起来每 24 小时就从东到西地绕地球一圈，这恰恰证明是地球在它的轴上每 24 小时从西到东地转一圈。"

"地球在太阳面前不停地旋转着自身，为了身体上的每一部分、世界的每一个角落都能被阳光照射到。这样的状态，每 24 小时便可以完成一次，人们把这个叫作地球的自转。而地球绕太阳转动一圈则需要一年的时间。"

"原来我们居住的地球不仅自身会旋转，还要围着太阳转动。"克莱尔说。

"地球在自己的轴上做着自转运动，在它转动时，地球的每个地方都可以交替地面向太阳，被太阳光照到的地方是白天，照不到的地方就是黑夜。所以人们会在 24 小时之内经历日与夜。"

"我现在知道日夜交替的道理了"，喻尔说，"看见太阳的半个地球是白天，另外半个地球则在夜里。但地球是转动着的，所以每个国家都能相继地面向太阳，而另外一部分则转进无光的半个地球里去。"

"但我还有一个问题没弄明白，"喻尔接着说，"既然我们跟着地球一起转动，为何在 12 个小时之后、当它转到一半时，我们既没有头脚颠倒也没有摔倒呢？"

"确实，12 个小时之后，我们要转到相反的位置上去：我们的头将要指向我们现在脚所在的地方。但是，虽有这样的颠倒，我们仍没有掉下去的危险，也丝毫没有任何的不便，主要是因为我们的头永远是向上的，即永远是向着天空的，就是说我们的脚是永远停在地上的。要知道所谓跌下，是向地面撞去，而不是撞向天空。"

"地球会转动得很快吗？"艾米尔问了保罗叔一个他所关心的问题。

"地球在自己的轴上转一圈，约需 24 小时。因此，在这一圈内转动距离最长的就等于是地球的周长——4 万千米。这样我们就可以得出地球自转的速度，大约是每秒 462 米。这个速度相当于一枚刚发射的炮弹那么快，高山、平原和海洋，地球上的一切都在不断地跟着这个速度，在地球的轴下相互追逐着。"

"我们却觉得一切都好像是静止的。"艾米尔说。

"孩子们，你们想想看，当火车高速向前行驶时，假设没有颠簸感，我们是不是会以为仍然是原地不动的呢？地球无时无刻不在迅速地转动着，同时也是很平稳的，我们除了能从其他星体的位置变化上得知以外，其余的是无法觉察出来的。"

五十五、一年与四季

"叔父，你曾说过，"克莱尔说，"地球在自转的同时又围绕着太阳转圈。"

"没错，孩子。人们通常把地球围着太阳的转圈叫作公转。地球在它的轴上转了 365 圈，才能完成绕太阳一周的路程。"

"自转一圈是一天，公转一圈是一年。"喻尔说。

"这就像是地球在绕着太阳跳圆圈舞。"艾米尔说。

"说得很好，"保罗叔高兴地说，"看来就连你们当中最小的艾米尔都已经完全听懂了。"

"一年分为十二个月，分别是：一月、二月、三月、四月、五月、六月、七月、八月、九月、十月、十一月、十二月。各个月份的长短是不等的，有几个月有 31 天，有的是 30 天；二月则依着不同的年份而有 28 天或 29 天。这事往往会令人错乱。"

"是啊！"克莱尔说，"我们怎么才能分得清哪一个月到底是多少天呢？"

"我可以告诉大家一个最简单易行的方法。孩子们，学着我的样子把左手握起拳来，除去大拇指外，四个指骨各自凸成一个骨峰，在它们中间是三个凹下来的骨窝。你们把右手的食指放在这些骨峰与骨窝上，从左手的小指开始，依次会点到骨峰、骨窝、骨峰、骨窝、骨峰、骨窝和骨峰，同时按照一年内各个月份的次序数下去，一月、二月、三月……当四个指节都数完后，便再回到最开始的小指骨峰，继续把未完的月份数下去。这样，凡是骨峰上的月份，都是 31 天；骨窝里的月份，则是 30 天。当然，必须把二月份除去。因为二月份要么是 28 天，要么就是 29 天。"

"让我来试试看，"克莱尔说，"五月份有几天：一月是骨峰，二月是骨窝，三月是骨峰，四月是骨窝，五月是骨峰。那么五月就是 31 天。"

"就是这么容易。"保罗叔父说。

"轮到我了，"喻尔插言说，"那就看看九月份吧：一月，骨峰；二月，骨窝；三月，骨峰；四月，骨窝；五月，骨峰；六月，骨窝；七月，骨峰。手上的峰和窝都数完了要怎么办，叔父？"

"喻尔刚刚没有认真地听叔父讲。"克莱尔批评喻尔。

"从最开始的地方继续数下去就行了。"保罗叔耐心地教他说。

"噢。八月，骨峰。七月是骨峰，接下来的八月份依然是骨峰，那么这两个月都是 31 天吗？"

"是的。"

"好的，叔父。八月，骨峰；九月，骨窝。九月有 30 天。"

"为什么二月份有时是 28 天，有时却是 29 天呢？"克莱尔问。

"是这样的，地球公转一周的时间并非正好是 365 天，而是 365 天再多出来差不多 6 个小时。这 6 个小时在计年时，暂时放开不计。等到凑够一天后再把它们并成一天，加在二月份里。因为需要四个 6 小时才能组成一天，于是每隔四年的二月才会有一次 29 天。"

地球与宇宙

105

"二月份有 29 天的那年，被称作大年。"保罗叔又说道。

"那么四季又是怎么回事呢？"喻尔问。

"一年有四个不同的季节：春季、夏季、秋季和冬季。每一季三个月：春季约自三月二十日至六月二十一日；夏季自六月二十一日至九月二十二日；秋季自九月二十二日至十二月二十一日；冬季自十二月二十一日至三月二十日。"

保罗叔继续说："自转产生日夜，公转造成四季。在地球公转的过程中，在三月二十日与九月二十二日，太阳从地球的一头到另一头，正好可以照射 12 小时。我们所居住的北半球的六月二十一日是日最长、夜最短的日子，有太阳的时间可以延长到十六个小时，也就是说黑夜只有八个钟头。此时越向北，则白天越长而夜越短。有些地方的太阳，出来得比我们这儿的还要早，凌晨两点便升起来了，直到夜里十点钟才会落下去。还有一些地方的太阳，它的升起与下落竟紧挨着，太阳刚从这边落下去，又从那边升起来。到地球的极顶时，就是到了地球不动的一个点上——好像一个车轴的中心点上，那里的人们能看到很稀奇的景象：太阳并不落下去，整整六个月都可以在午夜见到太阳当空。"

"你们一定感到惊奇吧，你们一定在想，那里的孩子们可以不必为天黑需要回家而发愁了。但是到了十二月二十一日，情形就会与刚才的正相反，在极地附近，太阳终日不见。整整六个月，那里都笼罩在黑暗中。"

"这样的地方，有人居住吗？"喻尔问。

"除了一些勇敢的探险家之外，再也没有其他人了。因为天气的缘故，那里冷得可怕。但在极地的四周，确实还是有一小部分人群生活在那里的。那里的冬天，啤酒和其他的饮料，都冻成了冰块；在室外泼一杯水，水落下来时已变成了雪花；人们呼出来的气体立刻变成冰霜，冻结在鼻管口；海也结冰，异常结实，原来无法行走的地方，因为结冰可以畅通无阻。一连数月见不到太阳，人们终日生活在黑暗里，以致食物短缺，因为在那里，一切植物的繁殖都是不可能的。"

"按照叔父的说法，那里好像一下子变得不再那么美好了。"艾米尔感叹道，"不过叔父，我还有一个问题。地球绕着太阳转圈的速度很快吗？"

"地球距离太阳有 1.52 亿千米之远，所以它必须用一个惊人的速度才能在一年的时间内走完全程。这个惊人的速度达到了每小时 108 000 千米。孩子们，你们想想火车的速度吧！"

花果的微观世界

五十六、约瑟夫的惨死

一天，鲁意丝的妈妈给他换了一条新裤子。新裤子上有着口袋和耀眼的铜纽扣。鲁意丝很是得意，看着在阳光中闪烁的铜纽扣，然后把他最喜欢的一块锡表小心翼翼地装进裤子的口袋里。

鲁意丝有个大他两岁的哥哥，名叫约瑟夫。那天，两个孩子格外高兴，天气也很好，他们决定到树林里去玩，那里有鸟儿们的窝巢，还有各种野果可吃。

他们和妈妈亲吻告别，妈妈叮嘱他们早去早回，并让约瑟夫照看好小鲁意丝。于是两个孩子兴奋地带着装有小点心的篮子和共有的一只小白羊出发了。

他们先进到树林里，小白羊在悠闲地啃食着青草，约瑟夫和鲁意丝则在林间追逐着蝴蝶。

"多新鲜的樱桃啊！"鲁意丝忽然叫起来，"哥哥，你快看，它们又大又圆，这下我们可以大吃一顿了！"

那些东西其实是结在低矮草木上的大浆果。

"这些樱桃树怎么这么小啊！"约瑟夫回应道，"我还是第一次见到呢。我觉得我们不必爬到树上去，这样就不用担心你的新裤子被扯破了。"

鲁意丝摘了一个浆果，放在他的小嘴里。

有些微甜但是略涩。

"这个樱桃还没熟呢。"小鲁意丝边说边把它吐了出来。

"吃这个吧，"约瑟夫说着，给了鲁意丝一个略软的，"这个应该熟了。"

鲁意丝刚咬了一口，便又吐了出来。

"还是不好吃。"鲁意丝说。

"不会都不好吃吧？"约瑟夫说，"你看我吃。"

他吃了一个、两个，又吃了一个，第四个、第五个。第六个时，他才吐了一口，那个特别不好吃。

"你说得对，确实有些还不是很熟。这样吧，我们多摘点，放在篮子里带回去，等熟了再吃。"

两个孩子摘完了黑浆果，又追蝴蝶去了。很快，便把"樱桃"的事情忘得一干二净了。

一个小时后，同村的薛门，骑着骡子从磨粉厂回来，经过树林看见两个孩子坐在树下哭泣不止。他们的脚边，躺着一只小羊，在哀哀地干叫着。那年龄较小的孩子对另一个孩子说道："约瑟夫，站起来，我们回家去吧。"

那年长的孩子虽然挣扎着想要站起来，可惜他的腿痉挛般地颤抖着，难以支撑。

"约瑟夫！约瑟夫！对我说话，约瑟夫！"那可怜的小孩子说，"对我说话呀！"

而约瑟夫的嘴唇紧闭，眼睛张得大大的，他的弟弟看着眼前的一切害怕起来。"篮子里还有一个苹果，你要不要？我愿意都给你。"那个较小的孩子已经哭得泪流满面了。那个大孩子，眼睛越瞪越大，不停地抽搐着。

见此情形，薛门立刻把两个孩子放在骡背上，拿了篮子，急急忙忙地往村里赶。

当可怜的妈妈再见到约瑟夫时，他已经神志不清，看上去马上就要死了。她不停地亲吻着约瑟夫，无助地号哭着。

很快，医生也赶来了。他发现了篮子里被孩子们误当作樱桃的黑浆果。都是这个黑浆果惹的祸！可惜太晚了，医生满面愁容地为约瑟夫开了一服药，只是约瑟夫中毒已经很深了，他在做最后的努力。

一个小时后，一只小手从盖着的被子下面滑落床边，触碰到了正在一旁哭着祈祷的妈妈。这是最后的诀别：约瑟夫死了。

第二天，全村人都出动了，将这个可怜的孩子埋葬了，保罗叔家的孩子们也不例外。艾米尔和喻尔在葬礼上回来之后，一直闷闷不乐。

自从约瑟夫中毒身亡之后，他的妈妈悲痛极了，总是无法抑制毫无征兆地哭泣。鲁意丝在家里玩的时候，经常会因为想念约瑟夫而痛哭。大家都告诉他，约瑟夫去了一处很远的地方，将来会回来的。

五十七、毒草

约瑟夫的死，给全村的每个家庭都留下了阴影。这让他们开始变得缩手缩脚，当孩子们离家外出时，大人们总是提心吊胆，生怕田野间的毒草的花和浆果会引诱他们，毒害他们。

要避免类似的事件再次发生，最好的方法就是让孩子们认识到毒草的危险，并学会如何辨别。大家一致认为保罗叔是最佳人选，他的博学多识一定可以帮助孩子们。

因此，星期日的晚上，大家全都聚集在保罗叔的屋子里。除了他的两个侄儿和一个侄女，以及老杰克和恩妈外，还有薛门、若望、安得里、菲列浦、安东因、马秀等人。保罗叔前天到野外跑了一趟，采集了一些他要讲及的草。一大束主要的毒草，有的开着花，有的结着浆果，都插在桌上的一只水壶里。

"约瑟夫之死，是由于'别剌敦那'草，这是一种比较大的草，开着红色钟形的花。浆果呈紫黑色，有点像樱桃。叶子是卵形，叶端是尖的。草身有一种难闻的臭气，果实特别危险，因其形像樱桃，味道有点甜，很容易引诱孩子们去品尝。中毒后，瞳孔扩大，看起来呆滞而直视。"

保罗叔从水壶中将那毒草取出一枝来，让大家都有机会可以仔细地观察一番。

"我认得这草，"若望将它拿在手里，"磨厂附近的隐蔽处经常可以见到它们。"

"真没想到，这些美丽的枝叶和果实竟如此恶毒。"安得里说。

"是的，'别剌敦那'是意大利语，有'美人'之意。据说从前这草的汁液是女人们洁面的良品。"保罗叔说。

"倘若这草长在了牧场里，我们的家畜会不会有危险呢？"安东因接着问。

"动物们倒是很少会被毒草伤害到，由于天性使然，它们能分辨出毒草上的臭气。"

"还有一种大叶子的毒草，就是我们通常所说的指顶花。它的花外红内紫，形状特别像我们人类粗胖的手指，枝干大概有一人多高。"

　　"这种毒草通常生长在林边。"若望说。

　　"它的名字取自它的形状，因为它像我们的大拇指。"

　　"又是一个美丽却有毒的花儿，"薛门插话道，"真是可惜，如果能种在我们的花园里，也是很美观的。"

　　"早有人和你的想法一致啦！人们早已将它作为一种观赏花用来栽培了。但我们还得特别小心才行，因为这草浑身上下都是有毒的，如果我们种在花园里，一定不要让孩子接近它们才好。"

　　"毒人参更危险。它的叶子很像山人参和荷兰芹。这个草最可怕之处就在于它通常会长在我们的篱笆里，甚至是生到我们的花园里。但我们还是有方法识别它的，那就是它的气味。"

　　"好臭啊！"薛门叫道，原来是他将毒人参的叶子放在自己的手掌上摩擦了一下，"山人参和荷兰芹是没有这样的气味的。"

　　"说得没错，"保罗叔说，"即便有这特殊的臭味的警告，还是有些不注意的人，会把毒人参当作山人参和荷兰芹的。"

　　"保罗先生确实给我们大家提了个醒，"若望说，"以后，我们一定得当心，千万不要采一篮毒人参回来。"

　　"毒人参共有两种，分别是大毒人参和小毒人参。大的生在低湿的荒地上，很像山人参；小的大多长在熟田、篱笆和花园里，与荷兰芹相似。它们都有着难闻的气味，只要仔细辨别，一定不难。"

　　"保罗先生，我们家小罗星有一天在学堂外，看见篱笆旁有一些像是骡子耳朵的大花。"马秀插言道，"最令人惊奇的是，那花中心有一个肥胖的梗，小罗星被它的美丽所吸引，还以为是什么好吃的东西，于是便咬了一口。回家后，他的舌头就开始火辣辣地疼痛，幸好当时没有把它整朵吞下。"

　　"那是'白星海芋'，俗称'牛羊脚'。这是一种极易辨认的毒草，叶子很宽，形似一把枪头。那花的样子很像骡子的耳朵和黄喇叭；那肥胖的梗倒像是干酪做的小指。这草尝一口都有强烈的辣味。这个奇怪的花，后来结成一球果，带有鲜艳勾人的红色。"

"还有一种名叫大戟草，从它茎上流出的白汁水也和白星海芋一样辛辣。大戟草的样子很平常，它们的花小而呈现黄色，到处都有。我们很容易从这草丰富的汁液上分辨出来，但它的汁液是特别危险的，即使涂抹在皮肤上都会深受其害。"

"乌头和指顶花一样，也是一种很美的花草，已被人们栽培用来观赏。乌头多生于山间，花为蓝色或黄色，如一顶头盔，看起来极美。绿色的叶子放射般地生长着。乌头是很毒的，因而有'狗毒'和'狼毒'之名。"

"人们的花园里有时会种一种有着在冬天叶子都不凋落的灌木，它的叶子大而充满光泽，此外还能长出橡树果般大的黑浆果。它叫作毒月桂。它的叶、花和浆果都散发着苦杏仁和桃仁的气味。虽然它的叶子会被用来制作乳酪，但这不能说明它的毒性不大。有时，只需在它的树荫下站一刻，便会因呼吸了它的苦杏仁气味而感到不适的。"

"秋天，在低湿处，我们会看到一种没有茎叶、只有玫瑰或丁香色的大花。这是秋水仙，因为一般在寒冷的季节盛开，所以又名草地红或火炉红。秋水仙的球茎是有毒的，就连牛羊家畜都不敢轻易触碰它。"

"今天，我们说了很多有害的植物。先到这儿吧，讲多了恐怕把大家弄得更糊涂了。下周日，我希望大家再来，让我把关于毒菌的故事告诉你们。"

五十八、花

听了叔父讲过毒草的第二天，克莱尔和喻尔很想再听下去。那些花是如何长成的？里面究竟能看到什么？在花园里，保罗叔为他们做了讲解。

"你们看，这是昨天讲过的指顶花。它特别像一根手指，或许可以套在艾米尔的小指头上也说不定。颜色则是紫红色的。这周围有五瓣小叶聚在一起，成为花托，在这之上的红色部位叫作花冠。"

喻尔若有所思地念叨了一遍："花冠由花瓣组成，是花的有色部分；花托就是花冠根盘上的小叶子所构成的圆圈。"

"花都是像这样一里一外地裹起来的吗？"克莱尔问。

"是的，我的孩子们。"保罗叔说，"花托，差不多总是绿的；花冠则五颜六色。"

"大家先看看这个锦葵，"保罗叔示意大家，"花托有五个小绿叶，而花冠有五个紫红色的大花瓣。"

"指顶花的花冠只有一片花瓣，锦葵的花冠则有五片。"克莱尔说。

"乍看是这样的，但如果我们细致观察，就会发现它也是五瓣的。"保罗叔说，"许多花的花瓣在长成之前，都是相连的，所以看着就像是只有一瓣。"

"烟草的花便是如此。花冠的形状像一个圆桶形的漏斗，看起来只有一瓣组成。但花的边缘分成五段相同的部分，这是许多花瓣的尖端。那么烟草的花瓣和锦葵一样，都是五个花瓣。只不过这五片花瓣并非各自独立，而是相互接合成一种漏斗的样子。"

"有独立花瓣的花冠，叫作多瓣花冠。"保罗叔告诉大家。

"锦葵就是这样。"克莱尔说。

"还有梨花、杏花和草莓的花冠也是。"喻尔补充说。

"喻尔忘记了还有几样好看的花呢，它们是堇花和紫罗兰。"艾米尔说。

"花瓣都连接在一起的花冠，叫作单瓣花冠。"保罗叔继续说。

"譬如指顶花和烟草花。"喻尔说。

"还有牵牛花。"艾米尔加上一句。

"这里有一株金鱼草，我们要把连在一起的五瓣分辨出来也很容易。"保罗叔说。

"它为什么叫金鱼草呢？"艾米尔问。

"把它的两边一捏，你们看，像不像是一条金鱼？"保罗叔答。

保罗叔继续讲下去，"组成花托的小绿叶，名叫萼片。与花瓣相似，萼片相互独立的花托，为分萼花托，如指顶花和金鱼草的花托；萼片相连在一起的花托，是一片萼花托，如烟草花的花托。

"花托和花冠是一朵花的衣冠，主要有两个作用，既有防护自保的功能，又具赏心悦目的色彩。外衣的花托形式简单却构造坚固，能够抵御不良的季节和天气，它保护着尚未开放的花朵。有种花儿的花托，每晚都会闭起来，以抵挡寒风。作为内衣的花冠，兼有形式上的优雅、色彩上的丰富和构造上的精密。

"有很多好看的花儿，颇为懂得如何来凸显自己的优雅部分——花冠，同时也绝不会放弃更实用的部分——花托。世上可以有没有花冠的花，那是因为我们的肉眼不易察觉，但有一个事实我必须要告诉你们：一切植物都是有花的。"

五十九、果

"我们已经知道了花托由萼片组成，而花冠又是由花瓣组成的。让我们好好看看这朵香紫兰花吧，假如没有花托和花冠，剩余部分还是非常有趣的。"保罗叔说。

"大家看，这里有六根小白梗，每一根梗的顶端都有一个装满黄色粉末的袋子。这白梗是雄蕊；雄蕊顶上的香袋子，叫作花粉袋；花粉袋里所装的粉末是花粉。大多数植物的花，譬如紫罗兰、百合的花粉都是黄色的；而罂粟花的花粉则是灰色的。"

保罗叔继续讲下去，"现在，将这六根雄蕊拔去，就只剩下一个底凸顶窄的中心体，顶端还有一个黏湿的头，这是雌蕊；底部那个凸起的东西叫作子房，顶部黏湿的头叫作柱头。"

"啊！好繁杂啊！简直要把我给弄晕了。"喻尔说。

"虽然繁杂，却无比重要。"保罗叔说，"所以你们一定要记牢。"

"现在大家靠近些观察，"保罗叔说，"把这朵香紫兰花剖为两部分。"

"我看见这个裂开的子房里，有着整排的小粒。"喻尔说。

"你们知道那小到看不清楚的小粒是什么东西吗？"

"不知道。"

"那是植物的未来种子，所以子房是植物制造种子的地方。当花儿萎谢后，花瓣、花托甚至是雌蕊都会凋落，唯有子房存在着，慢慢长大、成熟，最后结出果实来。"

"每一株植物都以一个小小的雄蕊开始，到最后供给我们食物的却是由子房那里得来的。"

花果的微观世界

"所以，我们常吃的梨子，最开始只是一朵梨花的子房吗？"

"是的，孩子！梨、苹果、桃子、杏都是如此。"保罗叔说，"一朵花儿终会凋谢，雌蕊、雄蕊、花托，都要随之枯萎，然后子房结出果实。"

六十、花粉

"子房为了比花朵的其他部分活得更久，为了在其他部分都凋落后仍能留在植物的茎上，在花朵开得最旺时，补充了一个新的生命。在那神圣严肃的时刻，雄蕊上的黄色粉末——花粉起了作用。一旦失去了这些东西，正处于生长中的种子便会枯萎在子房中。"保罗叔说。

"雌蕊常会分泌黏汁，足以粘住从雄蕊到雌蕊上的花粉。在雌蕊，花粉发挥了神奇的作用，为子房的深处所感受。有着这个新生命的鼓励，生长中的种子便迅速地发育起来，同时子房也胀大起来，以便给它们拓展空间。生出的果实，又重新孕育着新植物的种子。

"大多数的花都是雌蕊和雄蕊同花的，但也有例外。只有雄蕊的花和只有雌蕊的花，生在同一株植物上的，当然可以简单地理解为住在同一间屋子里，这样的是雌雄同株植物。如南瓜、黄金瓜、西瓜等。雄蕊的花和雌蕊的花，各自分生在两株植物上的，也就是住在两个房间里的，则是雌雄异株植物。如皂荚树、枣树和大麻。"

保罗叔继续说："皂荚树和枣树的果肉都有甜味。或许某天，我们会栽种它们。记住，一定要种植带有雌蕊花的果树。但只这样还不够，这样虽然每年都能开出极其繁茂的花儿，却无法得到果实。"

"这是为什么呢？"喻尔问。

"这是因为缺少花粉，"保罗叔答道，"在只有雌蕊花的果树旁，种上一株长有雄蕊花的树，经过风儿和虫儿的搬运，雌蕊便会活跃起来。"

"因此，有了花粉可结果，没有花粉便没有果子。"克莱尔说，"对吗，叔父？"

"说对了，我的孩子。"保罗叔说，"没有这一步，收获是无望的。"

"我们可以来做一个有趣的试验，"保罗叔说，"花园里有一条南瓜藤，就快要开花了。"

"南瓜是雌雄同株植物，既有雄蕊也有雌蕊。有雌蕊的花，在花冠之下有一个膨胀隆起的东西，差不多和一个胡桃般大。这个膨胀物就是子房，将来会结出南瓜。有雄蕊的花是没有这个膨胀物的。在开花前，把雄蕊的花全部摘去或将每一朵雌蕊的花用纱布包裹起来，以阻止雌蕊花受粉。这样的花枯萎后，却不会结出南瓜来了。"

"如果你们不信，还可以指定一朵雌蕊花，不用纱布把它覆盖住，让它顺利地受粉。看看最后是不是只有它会长出南瓜来。"

"太有趣了，"喻尔兴奋地叫道，"我想我和姐姐、弟弟可以独立完成这个试验的。"

"我这里有几块纱布。"克莱尔同意喻尔的话。

"我有线。"艾米尔说，"可以将纱布系在南瓜藤上。"

"我们行动吧！"喻尔大喊。

于是，三个孩子像出笼的小鸟一般，飞快地向花园跑去。

六十一、土蜂

三个孩子依照保罗叔的叮嘱，摘掉了所有的雄蕊花，又用纱袋罩住了大部分的雌蕊花，剩余的雌蕊花也被授上了那摘下的雄蕊花的花粉。每天清早，他们都要跑来看看那些南瓜花，果然如叔父所言，授粉的子房全部结出了南瓜。

见此情形，保罗叔继续讲起花的故事。

"花粉会用各种方式达到授粉的目的。不单单只依靠植物自身的力量，有时还会巧妙地借助大自然的力量。

"昆虫是花儿的帮手。苍蝇、胡蜂、蜜蜂、土蜂、甲虫、蝴蝶都争先恐后地为雄蕊传播花粉。

"它们都被特别预备在花冠底下的一滴蜜汁所诱,进入了花朵。它们在用力吸蜜时,惹得满身花粉,然后将花粉从一朵花带到另一朵里去。每到春天,在盛开的梨花树上,总会被一大群飞虫、蜜蜂和蝴蝶围绕着,它们忙忙碌碌,快乐无比,为梨树的子房带来新的生命。昆虫是最好的花粉传播者。"

　　"虽然花园里南瓜藤上的雄蕊花已经被摘掉了,但还是要用纱袋把南瓜花包裹起来,就是为了预防其他虫儿带来花粉吗?"艾米尔问。

　　"确实是,"保罗叔说,"缺少了这个步骤,那个试验肯定不会成功。"

　　"为了引诱昆虫前来传播花粉,每一朵花儿的花冠底下,都有一滴花蜜。不同的昆虫会有不同的吸食方法,但有几种花没那么简单。因为那些花的各部分是紧紧闭合着的。"

　　"这时,昆虫们该怎么做呢?"克莱尔问。

　　"一切紧闭着的花儿都有一个明显的标志——一个轻快颜色的斑点,这是作为记号指示给昆虫到花冠去的路,并且对它们说:此门可入。大家看,把你们的小指压在斑点上,这花立刻就开了。在这点上,土蜂们可比我们聪明多了。它们永远拥有读出花开之路的本能。

　　"现在,让我们来总结一下刚才的故事吧。花儿需要昆虫的到来,以便带走花粉,替它们传播到各处去。为此而酿造了一滴蜜汁,引诱昆虫们钻进花冠里去,如果进入的路不好找,则会有一个明亮的标志,把进路指示给它们。多么奇妙呀!孩子们,我们生活的这世界可不是偶然碰巧的产物,一切都被理性思维和丰富的智慧所控制着,有时候大自然也会跳出来指引我们如何前行。所以,我的好孩子们,你们要学会训练自己的思维,千万别做个书呆子啊!"

植被、地壳与化石

六十二、菌

周日很快又到了。

这天，轮到保罗叔给大家讲关于菌的故事了。这一次，比上次来的人还要多。

"虽然有几种无毒的菌，可以成为我们美味大餐的原料，"保罗叔已经开始了，"但菌类是相当可怕的毒草。"

"确实如此，"薛门说，"好像没有什么东西能比它更鲜美的了。"

"那东西简直是太诱人了！"

"那么，该如何区分一个菌是有毒还是无毒的呢？"马秀问。

"好吧，我要老老实实地告诉大家，"保罗叔说，"对于普通人来说，要准确地分出有毒还是无毒，几乎是不可能的事儿。因为它没有一个显著的标准，可以让我清楚无误地辨别出来。因为菌的种类繁多，长得又非常近似。所以除非是长期研究这个问题的专家，否则是无法完全确定的。

"所以我们只能根据实际情况，牢牢记住到底哪几种菌食用后对人体是无害的就可以了。即便是这样，我们还是需要谨慎地对待一切菌类。"

"既然食用菌和有毒菌，我们不可能一眼便看得出来，"薛门说，"那么我们一定要有测试有毒无毒的方法。"

"确实是有的。"保罗叔说。

"我想我猜到了。"这话是薛门说的。

"说说看。"

"我们可以尽量食用那些被虫子蛀蚀的菌类，"薛门说，"如果连虫子都不敢吃的话，那一定是有剧毒的。"

"这样判断是不太公平的，"保罗叔评价道，"在大自然中，很多会导致我们丢掉性命的植物，其实对其他动物是没有任何伤害的。所以这个方法不足以保证我们免受其害。"

"还有什么更好的办法吗？"马秀问。

"菌内的毒，并不是隐藏在它的肉里，而是全身浸润的汁。只要把这汁去掉，毒立刻就会消失。你们只需把干的或鲜的菌切成小块，连同一把盐放入沸水里煮。然后盛起来放在滤器里，在冷水里洗上两三次。做完这些之后，便可随意煮食了。"

"把它们放在盐水里煮，以解菌毒，是非常行之有效的，有人用这个方法，试过最毒的菌，连续吃了几个月，没有发生任何问题。"

"照你的说法，人们是不是可以食用一切菌了，无须加以分辨呢？"薛门问。

"可以这么说。但还有很多危险，我们需要提前想到。比如说，准备得不够完善，煮得不透，都是不行的。我只不过是叫你们以后把菌先在沸水里煮一遍再吃。就算偶然有些毒在菌内，经过这么一煮，也就不会吃死人了。关于这一点，这是我可以担保的。"

"这个方法太有用了！"

大家都走了。薛门在临走时去问恩妈一些更详尽的烹饪方法。他非常喜欢吃菌类食物，这个古怪而可爱的人！

六十三、在森林中

太阳光穿透繁茂的枝叶照射进来，这是一棵已经几百年的老树，树干上有着光滑的白色树皮和巨大的枝丫。克莱尔、喻尔和艾米尔对菌的故事还没听够，因此央求叔父带他们到这样树林里来了。树顶上，有乌鸦还有一只红头的绿色啄木鸟。它用嘴不停地啄着生有蛀虫的树木，美美地饱餐了一顿。略显潮湿的地面藓苔中间，随处可见各种各样的菌类。有带红色光泽的，有乳白色和亮黄色的，有胖嘟嘟模样的，还有几个刚从地底下冒出头来的。

保罗叔带着三个孩子采集了几种主要的菌后，找了一块平坦的地方坐了下来。

"每个菌菇都是一个生在地上的花儿，植物学家们把它叫作菌丝。"保罗叔说，"菌与玫瑰花不同，它只把自己的花朵露出在地面以上，其他部分则埋于地下。"

"你们一定想知道在地下的部分到底是什么，对吧？"保罗叔问。

孩子们整齐地点了点头。

"那部分是由白色细微且脆弱的线组成的，犹如一张巨大的蜘蛛网。倘若你们小心翼翼地拔出一个完整的菌来，你会发现在它的柄根上会有许多白色的线条。"保罗叔说。

"大家看我手中的这个菌，"保罗叔展示给孩子们看，"它没有玫瑰花那样的枝叶，只有一种很像是发霉的白色毛毛。菌就是靠这些一点点地盘踞在地下，最后竟然可以离出发点有着相当远的距离。它们会在适宜自己生长的外部条件下，生出一个个胖胖的如瘤般的东西来，然后逐渐转变成菌，破土而出。所以菌类都是群生的。"

"不仅菌类是聚集的，我还看见许多聚集起来的群菌，又会生成一个圆圈。"克莱尔说。

"是的，这个现象很正常，如果这块地方的土壤条件相似的话，菌丝就会均衡地向四周生长，于是便产生了你们在地面上看到的群菌的圆圈。但是在乡下，有很多人会觉得稀奇，并把它叫作妖怪圈。"

"什么妖怪圈？"喻尔问。

"没有什么妖怪圈，只是一些迷信的人们大惊小怪，认为那个圈是由于妖魔鬼怪的魔法形成的。"

"照叔父说的，世界上其实是没有妖怪的吗？"艾米尔问。

"没有，宝贝别担心。你们要记住，这个世上只有利用谎言欺骗人们的恶棍和轻信谣言的笨蛋，但他们谁也没有超能力。"

"叔父，你说过，菌也是一种植物花，那么它的雄蕊、雌蕊和子房在哪里呢？"喻尔问。

"对于菌自身来说，确实是一种植物的花，但这种植物的构造与花是不一样的，它的构造既新奇又复杂。这个以后我会慢慢讲给你们听的。"保罗叔说，"但与其他花一样的是，菌的主要功能也是用于繁殖后代的。孢子是菌的籽儿，与其他的花籽儿不同。"

"看一种我们最熟识的菌，它有一个圆盖和一根柄。这个圆盖是菌的帽子，帽子下面的构造有的是许多线状物从中心放射到边际，叫作平菌；有的是有着无数的小孔，是多孔菌；有的是上面盖着很细的针尖，像一只猫的舌头那样，我们把这个叫作茅菌。"

说到这里，保罗叔把他们刚才所采集的许多菌一一取出来，把平菌的线状物，多孔菌的小孔和茅菌的尖刺指给他的侄儿们看。

六十四、橘红菌

"菌的孢子，是从这些放射状的线形物或是尖刺和细管的壁上生成的，你们看，这些小的孔是细管的管口。

"成熟了的籽就从这些细管中掉落出来，有红色、玫瑰红、褐色等多种颜色。在你们看来，那可能只是些粉末而已，但如果在显微镜下，便会发现那些粉末其实是菌的籽儿，并且数目众多。"

"显微镜可以看见眼睛也不易看得见的东西吗？"艾米尔问。

"是的。显微镜能将所要观察的事物放大，以便我们更清晰详细地看见它的构造。"

"叔父，那我们可以用你的显微镜看看菌的孢子吗？"喻尔问。

"当然。"保罗叔继续说，"在热度和湿度都适宜的情况下，只需一个孢子，便足以抽芽发育生出菌丝，等到一定的时候，那上面还会生出无数的菌丝来。"

"那以后如果我们需要菌，只要拿点孢子去种不就得了？"喻尔又问。

"那可不行。"保罗叔说，"现在，我们还无法实现菌的种植，因为无法采集那极度细微的籽儿。现在只有一种可食用的菌可以种植，但我们只是利用它的菌丝。这是种平菌，人们称之为温床菌，外白内红。"

"味道鲜美吗？"

"当然！"保罗叔难得地笑了一下，"人们在石坑里，用马粪柔土做温床，再加以菌丝培育出来的。"

"大家还是先看看这个吧。这是一个平菌。帽的上面是一种美丽的橘红色，下面的皱襞线则是黄色的。菌柄是从一种边缘上裂破的白袋底下生出来的。这个袋名叫作外皮，最初是把整个菌包裹在内的。在钻出地面时，菌帽使它裂破了。这种菌极其珍贵。"

"它叫什么名字？"喻尔问。

"橘红菌。"保罗叔回答道，"再看看这个平菌，同样是橘红色的，柄上也有一个袋子或外皮，但被人们叫作假橘红菌（毒红菌）。孩子们，你们能看出这两者之间的区别吗？"

"在我看来，并没多大差别。"克莱尔回答说。

"我也看不出来。"艾米尔说。

"我看出来了！"喻尔叫着，"第二个平菌的皱纹是白色的，第一个则是黄色的。"

"喻尔很细心。"保罗叔补充说，"假橘红菌帽子上面，满是细条白皮，那是撑破外皮的碎片；另一种通常是没有这种碎片的，就是有也很少。如果我们无法注意到这些细微的不同，那就可能铸成大错了。因为第一种菌鲜美可口，而第二种则可以使人毙命。"

"看似相同的两个小东西，命运却是这么不同。看来我们以后真的要仔细分辨了。"克莱尔说。

六十五、地震

大清早，家家户户都在议论着同一件事，大家好像还都心有余悸。老杰克在昨夜凌晨两点钟被牛羊的叫声惊醒了，这样的情形大概出现了两三次，就连一向乖乖听话的老牛都叫得很厉害。老杰克曾起身去察看，但没找出原因。

睡眠较浅的恩妈则听见厨房内的碗碟在夜里响个不停，有几只甚至摔碎了。起初，恩妈以为是猫儿闯的祸，但是后来她感觉好像有只大手握住了她的床，摇晃了两次。虽然持续的时间很短，但恩妈还是害怕极了。

走夜路的马秀和他的儿子，在归来途中也听到一阵笨重而深沉的声音，从地下发出来，有段时间他们甚至无法站稳当。

大家众口相传着，有人对此一笑置之，而更多的人则不约而同地说出了两个字："地震！"

晚上，孩子们再次围住了保罗叔。他们对白天大人们口中说的事情感到好奇。

"叔父，地皮有时会抖动，这是怎么回事？"喻尔问。

"确实如此，"保罗叔说，"说不上什么时候，地皮可能会忽然动一下。这很正常，也经常发生，大多数都是轻微的震动，甚至是我们察觉不到的。你们不必为此感到恐慌，除非发生特别巨大的地震。"

艾米尔问："地震是不是就像昨晚那样，摔碎几只碗碟，滚落一些果子呢？"

"如果震动厉害的话，可能房屋也要倒塌的。"克莱尔说。

"地震前，常常会先从地下传来隆隆的声音，逐渐散发出来。这声音不容易被我们人类听到，可是动物因为本能，在这威吓般的声音中全都害怕了。于是他们会做出很多与以往不同的举动来。最后，地震真的来了，地皮开裂，土壤陷落。"

"地震时，我们人会怎么样呢？"克莱尔惊叫道。

"发生在欧洲的地震之中，最可怕的是发生在1775年万圣节的那次。葡萄牙首都里斯本受到了严重的破坏。因为是节日的缘故，人们都在恣意地庆祝，地震灾害这时发生了，地皮猛烈地震动了一段时间，隆起来又陷下去，很快就把里斯本震得只剩下一堆瓦砾和死尸场了。后来有人统计，在六分钟的时间里，有六万人死掉了。"

"叔父，这简直太可怕了！"喻尔说。

保罗叔继续说，"从1783年2月开始，意大利南部的地震持续了四年才停止。四年，并不是说一直不间断地发生着地震，而是余震不断。单单第一年，就震了949次。两分钟内，南意大利和西西里岛的大部分市镇、村落都受到了严重的破坏，接着全国都有了震感。有几处地方，地面裂成了罅隙，大块的土地，连带在它们之上的田地、住屋、葡萄藤、橄榄树，从山坡上滑下来，跑了很远的路，最后在别的地方停下来。还有一座山裂成两座的情况，以及整座山竟被连根拔起，跑到了别的地方。随处可见寸草不生的地方，它们被地震造成的巨大深渊吞没了。

"为此遭难的居民，超过了八万人！他们多是因为地震而倒塌或开裂下陷的

物体所掩埋了。"

"太恐怖了!"克莱尔道。

"还有更恐怖的呢!"保罗叔说,"按说,国家遭此大难,全国上下应该团结一心,互帮互助,积极救灾才对。可是加拉白利亚的农民,全都向城市跑去,不是救人,而是去抢劫,更有甚者就连奄奄一息的灾民都不放过。"

"他们简直太刁蛮了。"艾米尔说。

"他们很少能受到教育,无法使自己训练出一个好的思维,因此保有很多野蛮的天性。于是,当灾祸发生时,他们的行为令世界为之震惊。关于加拉白利亚农民,我还有另外一个故事。"

六十六、我们把那两个都杀掉吗

保罗叔回到房间,很快便拿了一本书回来。

"曾经,有一队法国兵占领了加拉白利亚。"保罗叔说,"其中有一位骑炮兵写了一封信给他的表弟。"

"加拉白利亚是一个恶人横行的地方,这里的人们不爱任何人,尤其对法兰西人特别憎恶。至于原因,真是说来话长。总之,我们最好避免落在他们手里。

"一天,我和我的同伴——一个年轻人,走在山路上,那路崎岖难行,马是不能走的。为了尽早到达目的地,他带着我选择了一条在他看来较近而更熟识的路。没想到,竟使我们迷失了。在天色已经完全黑下来之时,我们终于找到了一户人家,虽然不情愿,但我们还是走近了那所发着微弱光芒的房子。

"房屋为一个烧炭夫和他的家人所有,他们邀请我们一起吃晚饭。看到他们很热情,我和同伴也不再客气。我们坐下来吃着喝着,但我还是观察到他们的家可以说是一个兵工厂。屋子里充满着手枪、军刀、刺刀、弯刀。这一切都使我深感不安。

"而我的同伴却刚好相反,竟然和他们一家人有说有笑,还一点没有提放心地告诉他们,我们是法兰西人!这些还不算什么,最后我的同伴居然装起富人来了，允许他们一家人要求任何报酬，就连他随身携带的皮包都告诉别人了，他说他不要别的枕头，只要小心地枕着他的皮包就好了。

"晚饭过后，那一家人睡在房屋的下层，而我们则被安排住在他们家的阁楼上。我和同伴顺着架起的梯子爬上去，没过多久便睡熟了。看他的样子，我决定要守夜，因此在火炉旁坐了下来。没想到的是这一夜过得还算安稳，我稍稍放下心来。眼看着天就快亮了，忽然听见那个烧炭夫和他的妻子在下面说话。虽然听得不是很真切，可我还是听见那男人说，'我们把那两个都杀掉吗？''好的，'是那女人的声音。

"瞬间我的身子就冷得如石头一般。我和我的同伴手无寸铁，寡不敌众，而我的同伴此时依然在熟睡着。外面有两只大狼狗在不停地吠着。大约过了一刻钟，梯子上似乎传来了有人在向上爬的声音，我赶忙躲在了门口。原来是那家主人，一手拿火、一手拿刀地走上来，他的妻子也跟在身后。两人蹑手蹑脚地进来，女人在念叨，'轻点，轻点！'主人夫妇俩走到我同伴睡觉的地方，男人一手拿刀，一手……"

"够了，叔父，够了！"克莱尔叫出声来，"这故事好可怕。"

"别急，"保罗叔说，"很快就讲完了。"

"主人一手握住了挂在天花板上的火腿，另一只手用刀割下来一块。然后按照原路走回去了。门关了，灯也灭了，只有我还没回过神来。"

"然后呢？"喻尔问。

"呵呵，原来主人家是要给那两个炮兵准备早餐。有火腿，有两只阉鸡。"保罗叔说。

"那男人和女人是在商量着杀一个还是杀两个阉鸡做早餐吗？"艾米尔问。

"是的。"

"那家人也不是像原来所想的那样邪恶啊！"喻尔说。

"那炮兵不仅自己一夜没睡，还在早晨差点把自己活活吓死。"克莱尔说。

"这个故事的意义，就是想让你们明白，在世界的任何地方，都有坏人和好人。"

六十七、温度表

"炮手故事的结局真是太出乎意料了，"喻尔说，"这个故事非常有趣，但是我还是念念不忘地震的故事，保罗叔，你还没有讲完，还没有告诉我们那些可怕的地皮活动呢！"

"当然，只要你们感兴趣，我乐意为你们讲下去。"保罗叔应允着，"在此之前，你们需要先理解一件事情：人们向地下挖掘矿物质时，总是挖掘得越深，感受到的温度就越高，差不多每深入 30 米，温度就会明显的升高 1 度，所以地下越深，温度越高。"

"保罗叔，度是什么东西？"喻尔不解。

"我也听不明白呢。"艾米尔附和道。

"这样说好了，你们看我房间的墙上，就是靠近窗户的那里，有一块小木条，上面嵌着一根玻璃棒，玻璃棒的中间有一条细细的通道，玻璃棒的底端连通着一个小玻璃球，它们连为一体。小玻璃球内充满红色的液体，根据天气的冷热程度，红色液体会在玻璃棒的通道内达到不同的高度，随室内冷热的变化，时而上升，时而下降。这便是温度表，有时人们也叫它寒暑表。倘若你把温度表放到刺骨的冰水里，它的红色液体便会仅仅升起一点点，指向'0'的温度值，这便是零度；而如果把它放到翻滚的沸水里，红色液体便会一路飙升，达到'100'的温度值，这时它就是 100 度。在 0 度到 100 度之间，被平均分成了 100 段，其中的每一段，就叫作度。"

艾米尔产生了一个疑问，"它为什么被叫作'度'呢？"

保罗叔解释道："度就像是梯子上的每一格层级，我们感受到冷热的变化，却说不清变化的程度，就好像我站在梯子高高的顶端，你们从下面望向我，只知道我在高处，却无法说明具体有多高。这时候便需要度来发挥作用了，你们只需数一数我脚下梯子的层数，就可以说出我的位置了，比如五层梯子那么高，八层梯子那么高。同样的，天气热的时候，温度表的红色液体就像爬梯子一样，高高地攀了上去，等到天气又转凉了，它就又爬了下来，这时，你只要观察红色液体所指向的温度值便可以清晰地知道冷热的计数程度了。当红色汁液在 0 度时，说明已经冷得可以结冰了；当它在 100℃时，说明水已经滚烫得沸腾了。要记得，红色液体的位置越高，则说明越热。温度计所指示冷热的程度，叫作温度。"

"保罗叔，有一天你叫我去房间帮你拿一本书，我不小心把右手按在了那个注满红色液体的小玻璃球上，"艾米尔回忆说，"我看到那红色液体居然一点点地上升了。"

"那是因为你手上的热度要比当时的环境温度高，才使它上升了。"保罗叔解释道。

"我当时以为我要把你的东西弄坏了，所以赶紧抽回了手。如果我把手一直放在上面，那红色液体会不停地上升吗？"艾米尔问。

"哈哈，艾米尔，当然不会了。它最多升至 38 度的位置便不会再升了，要知道人类身体的通常温度也最高不过 38 度。"

"那么，在最炎热难耐的夏天，那红色液体是不是要升到温度表以外去了呢？"喻尔问。

"不会的，喻尔。在我们生活的空间里，夏天的热度也只是在 25~35 度罢了。"

"保罗叔，那世界上最热的地方有多少度呢？"克莱尔问。

"世界上最热的地方？那应该算是非洲的塞内加尔了吧，那里夏天的温度能升至 45~50 度呢。要比我们这里的夏天还要炎热两倍呢，那对我们来说真是难熬极了。"

六十八、地下火炉

"世界上最深的矿是在奥国的波希米亚。遗憾的是因为矿井上的泥土崩塌，这个最深的矿被填埋了一部分，因而至今不得靠近。曾经有人进行过测量，在它 1151 米的深处，温度表可达 40 度，几乎与非洲塞内加尔夏天最热时的温度相当了。还记得我说过的吗？矿底的温度一年四季保持不变，完全没有夏季和冬季的区别。各处的矿底都是如此，探入得越深，热度就越高。在某些深矿，矿工甚至因为矿底的热度难耐而被热昏了。"

"这样深深地挖下去，不就到了地球的内部了吗？难道地球的内部是一个火坑吗？"喻尔问。

"恐怕比火坑还要热得多呢！要想知道地球内热的程度，需要借助一种名叫自流井的井。它是一个圆筒形的深洞，洞体用坚固的铁条支撑着，沿着深洞一路挖掘下去，直到有附近的溪流或湖水渗透过来便可完成，此时自流井已集注成一个地下水槽。自流井里的水来自地球深处，温度与地球内热相同，由此便可探知地球内热的分布了。

"世界上最著名的井当数巴黎的格莱纳尔井。它有547米深，水温常年保持在28度，和我们这里夏天的温度差不多。比格莱纳尔井还要再深一些的是蒙独夫自流井，它位于法国和卢森堡国的交界处地方，水源来自地下700米的深层，水温可达35度。我说过的，每深入矿下30米，热度便会升高1度。"

"那么假如一直挖下去，会找到沸水吗？"喻尔问。

"按照道理来说是可以的。每深入30米升高1度，那么以此计算，要想挖到沸水，那就必须要挖到地下3000米的深层，这是完全无法做到的。我们通常所说的温泉，也就是发热的泉水，它也只是具有一个局部温度，有时我们看到它到达沸点，那是因为在它的深处有着强大的热力。法国最出名的温泉，是克洛地爱格泉和维克泉，在开特尔地方。它们差不多都能达到沸点了。"

"这些发热的泉水也像溪流一样吗？"克莱尔问。

"它们有汤溪，如果放一个鸡蛋进去，一小会儿的工夫就会被煮熟了。"

"它那么热，一定不会有小鱼和小蟹吧？"艾米尔问。

"哈哈，那是当然啦，小鱼和小蟹会被活活煮熟的。"保罗叔笑道。"对了，我想起一个有趣的地方。它叫冰岛，是一个位于欧洲极北部的大岛，那里常年覆盖着冰雪。尽管极冷，那里却有许多的温泉，会源源不断地喷出热水来，当地人把那些温泉叫作间歇泉。力量最大的是大间歇泉，它从一个巨大的山谷中喷涌出来，山谷内部就像一只漏斗，漏斗底部通向一片未知的深处，远远望去，泉水把山谷冲刷得像一座水晶山一样。沸水火山的爆发与普通火山也极为相同，在爆发之前地皮会发生剧烈的震动，接着便是隆隆的声响，像大炮一样。愈演愈烈之后，沸水便嘭的———一声从火山口迸发出来，炙烫得沸水猛烈地喷涌，把整个山谷都淹没了。在一阵蒸汽的旋涡之中，沸水像奔涌的熔浆一般蔓延。突然惊起一声爆炸响，一柱直径 6 米的水柱足足喷至 60 米高空，俨然撑开白色的蒸汽大伞，紧接着沸水化雨落了下来。这惊险壮阔的一幕仅仅几分钟便结束了。溢出的沸水退去，怒号着的水蒸气出场了，它使出巨大的力量将火山口的石块席卷到空中，以雷霆万钧之势将一切它所能及的东西毁坏一空。稍后，短暂的平静，新一轮的喷发又卷土重来了。"

"那真是太可怕了，"艾米尔说，"但是又充满了刺激。"

"保罗叔，那沸水火山足以说明在地球内热的程度了。"喻尔说。

"由此证实，地下 3000 米的地方，温度一定和沸水一样。因此，人类认为地球是一种被火烧成流质的东西所做成的，四周包着一层坚硬的物质薄壳，这硬的物质也是中心熔化的流质海洋所形成的。"

"保罗叔，按照你刚才所说的计算，这硬质的薄壳的厚度一定有 50 千米吧。"克莱尔问。

"是的，从地面到地球的中心，差不多有 6400 千米。其中从地面向下的 50 千米是厚的硬壳，其余部分都像是一个充满溶质的球。如果用一只鸡蛋来代表地球的话，那么蛋壳就是地球的硬壳，蛋液便是地球的溶质了。如此看来，50 千米的厚度对于地球来说，简直不值一提。"

"像蛋壳一样的地质硬壳，能够隔开地下巨大的火炉吗？"喻尔问。

"是的，喻尔，所有初次了解到地球构造的人都会产生这样的担忧。这 50 千米的硬壳看起来是那么单薄脆弱，能够抵挡住地球中心流质的波动吗？一旦这层薄壳稍微一动，便会引起陆地的震颤，地面因此而形成各种可怕的灾害。"

"保罗叔，我终于明白地震的原因了。"克莱尔如获真理，"那是因为地球内部的溶质在晃动。"

喻尔接着问："地壳这么薄，它会经常移动吗？"

"我要告诉你们一个难以置信的事情，地球的硬壳没有一天不震动。它很调皮，有时在这里震震，有时在那里晃晃，可能是在海洋底下，也可能是在大陆底下。好在可引起地震的情况比较少。这要多亏了火山的功劳了。为什么这样说呢？火山口为地下的水蒸气提供了一个可以顺畅进出的通道，因此地下高热的水蒸气得以及时流出，才确保了地皮的安全完整。"

"保罗叔，之前听你讲起埃特纳火山爆发的故事，还有加塔尼亚城的惨事，我以为火山都是残暴而可怕的。"喻尔说，"不过我现在明白了，火山还扮演着出气筒的角色，是它让地球安静下来的，这样看来，火山还是有大用处的。"

六十九、贝壳

一天清晨，保罗叔把孩子们叫到他的房间里，他有宝贝要给他们欣赏。保罗叔缓缓地拉开房间里的一只抽屉，孩子们被眼前的一切惊呆了，那真是太美了。抽屉里装满了各式各样的贝壳，这些琳琅满目的宝贝都是他的一个朋友在旅行时收集来的。贝壳的样子美丽而奇特，有的弯旋得像是一座圆扶梯，有的叉分着许多大角，有的好像是一只鼻烟匣，有的像放射形的骨，还有的像屋顶上的瓦……简直要看得眼花缭乱了。

艾米尔把其中的一个大贝壳贴在耳朵上，听到里面传来"呼——呼——呼"的声音，就像海浪怕打岸边的波涛声。

"你们看这个有着红色花边的贝壳，它叫盔形贝，是从印度来的。"保罗叔介绍道，"在那里的几个小岛上，这样的贝壳随处可见，人们用它来代替石头，放入窑里烧成石灰。"

"这么美丽的贝壳，被烧成石灰多可惜呀！要是我有这样的贝壳，我可舍不得。"

"贝壳里还会发出呼——呼——的海浪声。"艾米尔说，"保罗叔，贝壳真的可以储存海浪的声音吗？"

"艾米尔，那声音的确像极了海浪声；但我要告诉你，贝壳里并不会藏着海浪的回声，这只不过是空气从蜿蜒的洞穴中经过的结果罢了。"

保罗叔拿起另一个，"这个来自法国，在地中海的海岸上是十分普通的。"

艾米尔接过它放到耳边，兴奋地说："这个也像盔形贝一样呢，呼——呼——"

"所有比较大的，而且有一个旋洞的，都有这声音。"保罗叔解释说，接着又拿起了一个，"这一个也是在地中海的海滨拾来的，它叫恶鬼贝，它的里面寄生着一种可以生出紫色黏汁的动物，古代人首次把它的美丽颜色命名为紫色，从中提炼出来作为他们珍贵的色彩颜料。"

"那这些贝壳是怎样做成的呢？"克莱尔问。

"首先我要让你们知道，贝壳是一种软体动物的房子，就像蜗牛背上的螺旋壳一样。"

"这样的话，难道蜗牛的家也像这些美丽的贝壳一样，是贝壳的一种？"喻尔问。

"是的，喻尔。你们看我抽屉里那个最大的且最美丽的贝壳，它叫海产贝，是从海里来的，并不罕见。盔形贝、鬘螺贝和恶鬼贝，都和它同属于一类。但在淡水里，就是说在溪流、江河、湖泊、池沼里，也存在着形状各异的多种贝壳，只是颜色幽暗并没有海水里的那么鲜艳，这类贝壳叫作淡水贝。"

"保罗叔，我曾经在水渠中见过几只像蜗牛壳一样的贝壳，"喻尔说，"它们的贝壳口被一种薄平的帽子给堵住了。"

"喻尔，你说的那种叫作田螺。"

"保罗叔，我也记起一个来。它是又圆又平的，有一元铜钱那么大。"克莱尔回忆说。

"克莱尔，你说的是一种扁卷螺。"保罗叔说，"有些贝壳来自陆地上，因此被叫作陆生贝，蜗牛壳就是陆生贝的一种。"

"我还曾经在森林里看见过一种特别美丽的蜗牛呢，"喻尔兴致盎然地描述道，"它像保罗叔抽屉里的贝壳一样美丽。它是黄色的，壳上环绕着几条好看的黑纹。"

"保罗叔，如果蜗牛的壳是贝壳的话，那住在里面的动物是不是一条蜓蚰呢？他找了一个螺旋状的空贝壳就住了进去。"艾米尔问。

"并不是这样的，蜓蚰与蜗牛是两种截然不同的生物。蜓蚰永远不会变成蜗牛。换句话说，蜓蚰永远都不会有一个壳。相反地，蜗牛的壳是生来就有的，并且伴随它一起长大。倘若你在哪里见着了空的蜗牛壳，那一定是蜗牛已经死掉了，肉体变成了尘埃，徒留下一个贝壳的房子。当然，蜓蚰和蜗牛是很相像的，它们都是软体动物，只是蜓蚰没有壳而已。"

"那蜗牛的房子是用什么做成的呢？"艾米尔问。

"是用它自己分泌的质料呀。"

"那是什么东西？"艾米尔有些迷惑了。

"让我以牙齿为例来为你说明吧，我们并不是生来就有牙齿的，但是随着我们的成长，牙齿会一颗颗整齐地生出来，它们洁白而坚硬。孩子们，你们知道牙齿是我们身体上的什么物质长成的吗？让我来告诉你们，那是我们牙龈分泌出来的石质。蜗牛的贝壳房子也是如此，使用蜗牛自己分泌的石质长成的。如此说来，蜗牛的贝壳更像是我们的牙齿，因为它是自己长成的，并不像我们居住的房子一样需要工匠来帮忙建造。"

"听了你的讲述，我突然觉得蜗牛可爱起来了。"喻尔说。

"尽管它有时很可爱，但我还是要让你们知道，"保罗叔严肃地说，"有时我们不得不向蜗牛发起宣战，因为它侵蚀了我们的花园，把我们辛苦培育的花草咬得一片狼藉。我们并不能因为它体型小而轻视它。稍后我会将关于蜗牛的更多故事讲给你们听。"

七十、蜗牛

"孩子们，你们在花园里一定见到过，蜗牛爬行的时候头上会高高地竖起四只角。"保罗叔说。

"是的，我还曾看到这些角灵活地在贝壳里进进出出。"喻尔抢着说。

"我还曾见到它们的角向四周旋转呢，"艾米尔说，"有一次，我把蜗牛放在一块燃烧的煤块上，它突然发出 be-be-eou-eou 的声音，好像在唱歌呢。"

"艾米尔，你的这种玩法未免过于残忍了。你所听到的 be-be-eou-eou 并不是蜗牛在唱歌，而是它的一种呼救，它被炭火灼伤了，因此身上的黏液变干后开始时膨胀，过一会儿，又收缩起来，你所听到的'美妙歌声'，是它垂死的悲鸣。在法国寓言家拉封丹的寓言里，有一则是关于一只被角兽触伤的狮子的故事。

"把一切有角的兽——

"白羊、牛、山羊、鹿与犀牛，

"一起从他的国家赶走。

"一只兔儿看了自己的两个耳朵的阴影，

"弄得心儿大不安定，

"'也许狮王的卑劣的走狗，

"'把我两耳当角来认，

"'硬捉我去当点心。'

"'再会了，'他说，'蟋蟀，我的邻人：

"'我要到外国去旅行；

"'倘若我长此住下去，

"'他们将把我的耳朵当角来寻，

"'我害怕着人言纷纷。'

"蟋蟀回答道：'这些是角？你，蠢！

"'上帝把它们做成耳朵，

"'谁能否认？'

"'是的，'胆小的兔儿说，'他们硬当作角儿来认为，

"'也许就认作犀牛角，

"'我就算有嘴又哪里辩得分明！'"

"这只兔子错把自己耳朵认错了，但在别人的眼里，它的耳朵也还只是耳朵而已。蜗牛是不是也陷入了类似的困扰？人们几乎异口同声地把蜗牛前额上的东西叫作角，但是也许蟋蟀会问它：'你这些东西是角吗？'"

"难道它们不是角吗？"喻尔反问。

"严格来说它们并不是角，它们叫作触角，就像人们的眼、手、鼻和盲人的手杖。蜗牛有长短不一的两对触角，上面的一对较长，而且在每一根长触角的头上，都有一个小黑点，那便是蜗牛的眼睛。不要小瞧这一双眼睛，它们虽然小的不易察觉，但像所有的大型动物的眼睛一样健全。这一对长触角还有特别之处，它们不仅是眼睛，还是鼻子，而且像我们的鼻子一样灵敏。因此，蜗牛长触角的尖端兼具了看和闻的两种功能。"

"我曾经把一个东西靠近蜗牛，我看到它把长触角缩进去了。"艾米尔说。

"蜗牛的长触角是十分高明的。它的触角就像大象的鼻子，都是长长的，而且可以识别气味。但是相比起来，大象的鼻子又要逊色很多，因为它只能闻，却

无法像眼睛一样看到东西。蜗牛的长触角可以同时辨别气味和光线，如同高科技的缜密探头一样灵活而准确。"

"保罗叔，我看到蜗牛的角被收回去的样子像缩在了皮肤里似的。一旦有什么东西惊扰了它，它就会马上把触角收回去了。"

"是的，就像我们人类一样，遇见刺眼的强光会马上闭起眼睛，闻到刺鼻的气味会立刻捂住鼻子，蜗牛也是如此。受到外界刺激的时候，便会马上保护起来。"

"真是个聪明的小家伙呀。"克莱尔赞叹道。

"保罗叔，你刚才说它的触角还像是盲人的手杖，这又怎么讲？"喻尔问道。

"我们已经知道了蜗牛的长触角是眼睛和鼻子，但是当它把上触角缩进了一半或全部收起来时，它便什么都看不到了。这就是它的两根下触角发挥作用的时刻了！蜗牛的触角都是极为敏感的，它甚至比盲人的手杖还要可靠，它就像是一双柔软的手，可以摸索着探知周围的事物。"保罗叔解释道。

"原来是这样。"艾米尔重获新知地点点头，他已经不是那个只知道把蜗牛放在火上烤着玩的小男孩了。

海 洋

七十一、珍珠母与珍珠

"保罗叔，你刚刚给我们看的那几只贝壳散发出的光彩，让我马上联想到了我的削笔刀，它的刀柄是用珍珠母制成的，像刚才的贝壳一样夺目。"喻尔说。

"珍珠母是从贝壳中产生的一种闪耀着五彩虹颜色的美丽颗粒。人们常常用珍珠母来制作精美的装饰品。"保罗叔说着拿起了一块贝壳，"这个贝壳产生了一种叫作厚珠母的宝贝，那是世界上最美丽的珍珠。它的外部是墨绿色的，并且天然生长有轮圈；它的内部比磨光的大理石还要光滑，色彩比彩虹还要缤纷。你们知道吗？这个华丽的贝壳，还是一个可怜的黏质小动物的家呢！它是多么美丽啊！"

"保罗叔，厚珠母住在哪里？"克莱尔问。

"它住在沿阿拉伯岸的海里。"

"那阿拉伯很遥远吗？"艾米尔问。

"是的，非常遥远。"

"那实在是太可惜了，我本想去拾点这种美丽的贝壳回来，看来是无法实现了。"

"艾米尔，即使你就在阿拉伯海岸边，恐怕也无法轻易实现这个愿望。因为厚珠母生长在很深的海底，曾经有很多人潜下海底去寻找它，但竟从此再也没有回来。"

"天哪，世上竟有人冒着生命的危险潜入海底，只为了去采集这个贝壳？"克莱尔不可思议地说。

"要知道，这样舍弃生命的人可不在少数呢。倘若一切顺利，做贝壳生意会带来巨大的财富。”

“那如此说来，贝壳是很宝贵的了？”喻尔问。

“贝壳的价值你们知道多少？首先，贝壳内部的珍珠母可以被锯成若干块，用来制作精巧的装饰品。就像喻尔的削笔刀的刀柄，那也只不过是用了珍珠母极小的一部分而已。不要忘记了，贝壳里面还有珍珠呢。”

“保罗叔，珍珠似乎并不昂贵。恩妈只是花了几个铜板，便给我买回了一捧珍珠，我把它们镶在了手帕上。”克莱尔说。

“我们来区别一下真珍珠与假珍珠。”

“克莱尔，你所说的珍珠，是在一小粒颜色玻璃上钻孔后制成的，价格十分便宜。珍珠是有真假的严格区别的。像厚珠母珍珠，那是世界上最珍贵、最精细的珍珠母球。仅仅一小颗便会价值不菲，倘若它的形态再大一些，便可比肩钻石的价格了。”

“可我不会辨别珍珠的真伪。”克莱尔一脸遗憾地说。

“这是最好不过的了，我希望你永远都不要去认识它们。我们只要知道它的由来便可以了。”保罗叔接着说，“珍珠的产生是源于一只像牡蛎一样的黏稠生物，它生活在两片紧扣的贝壳之间。这种小家伙的痛感特别灵敏，即使在贝壳有一粒微小到只有放大镜才能看到的微尘，他也会迅速察觉并且感到非常痛苦。为了缓解疼痛，它便会分泌出液体状的珍珠母，渐渐地，珍珠母堆积成了小而滑的球状颗粒，也就是珍珠了。通常珍珠的价钱因它的大小而有所差别，个头越大，价钱越高。在一段时期里，女人们视珍珠为高贵的象征，倘若能够佩戴一串珍珠项链，那便是值得骄傲的事情了。

“珍珠虽然华美，但采摘的过程十分艰辛。采珠的渔夫们乘坐一只小船划入海中，选定位置后便一个个地扎进海里去了，为了潜入更深的海底，他们手中握着一根捆好大石头的长绳，这样便能借助石头的重力迅速地沉到海底。渔夫在海底匆忙地把贝壳拾满了一网，然后收紧网口，给海面上的同伴传递一个要上岸的信号。船上的人便立刻拉他上来。潜水的渔夫是很辛苦的，为了获取这些天然的装饰品，他们在水下几近窒息，有时甚至会从口鼻中流出血来，更有甚者上船时已经失去了腿脚，要知道，海底的鲨鱼也异常凶猛。我们往往只看到了珠宝店的橱窗里熠熠生辉的珍珠，殊不知在它昂贵价格的背后，或许有人已为之付出了生命。"

"这太可怕了，我再也不想也去采贝壳了。"艾米尔嚷道。

"采贝的过程十分艰辛，但开贝的方法很简单。只消把贝壳放在太阳下暴晒，直到把贝里的生物活活晒死，人们就可以在这死臭的肉堆里，挑出珍珠来了。"

"保罗叔，前几日我还曾在附近的大水沟里拾得几个贝壳，也像珍珠母一样发光呢。"喻尔得意地说。

"喻尔，你所说的那种贝壳叫作淡水贝，但是它的珍珠较之厚珠母要暗淡很多，并且价值也相去甚远。"

七十二、海洋

"保罗叔，你抽屉里所有的贝壳都是来源于海洋吗？"艾米尔问。

"是的，它们都是从海洋里来的。"

"海洋有多大？"

"海洋非常广阔，在有些地方，倘若要从海的这岸到彼岸，仅坐船就要不停歇的行驶好几个月呢。要知道，轮船的速度几乎和火车不相上下。"

"海上有趣吗？"艾米尔对大海充满了向往。

"或许和陆地差别并不大。海上的天空与我们现在头顶上的没有什么区别，置身大海，四周尽是一片巨大的蔚蓝色，除此之外便没有什么特别之处了。大海就像一个蔚蓝色的圆形水圈，行驶在海上的人们，无论走到哪里，似乎都在这一片蔚蓝色里没有变化。地球是圆的，地球上被水覆盖的面积要远远大于陆地，因此要想渡过海洋，是需要相当多的时间的。轮船不断地向前行驶，终能望见一缕缕朦胧的灰烟，那是将要靠近陆地的讯息，再向着灰烟继续前行，便会逐渐看清海岸上的岩石和陆上的高山。"

"书上说海洋的面积要比陆地大得多。"喻尔说。

"是的，陆地只有整个地球面积的四分之一，而海洋的面积却是陆地的三倍呢。"

"保罗叔，海洋底下是什么？"艾米尔好奇地问。

"和湖泊一样，海洋的底下也是崎岖的地皮。因为海水的覆盖，我们无法准确看出海底的状况，有些海底的地皮撕裂成了无法探测的深渊；有些被山脉截断了，只在水平面露出一个小小的山顶，我们叫它岛屿；还有一些地方高高隆起变成了高远，向陆地伸展着变成了平原。"

"这么说，各处海的深度各不相同？"

"是的。正因为深度不同，人们才想出了一个聪明的办法来进行测量。在测量海深时，在一条很长的绳子一端系好一块铅锤，另一端团在手中。当抛入海中的铅锤不再拉扯绳子时，铅锤端绳子到达海平面的长度便是海的深度了。世界上最大的陆间海是地中海，而地中海最深的地方是在非洲和希腊之间，如果要用铅锤测量它的深度，恐怕铅锤要下落到 4000~5000 米的深度呢，这相当于欧洲最高峰白兰山（Mont Blanc）的高度了。"

"那是不是这个海域的深度刚好可以放下一座白兰山呢？"克莱尔问。

"是的。你要知道，这还不是世界上最深的海域。在大西洋，有一处特别适合猎捕鳕鱼的海域，那里差不多有 8000 米深呢，世界第一高峰珠穆朗玛峰也只有 8844 米，它们几乎高度相当了。"

"如果把珠穆朗玛峰放在大西洋的那片海域，是不是就要成为一座只有 844 米多的小岛了？"

"说得没错。但这也不是世界上最深的海，在南极附近的一处海域，如果放铅锤下去，可以坠至海下 14000~15000 米的深海。像这样的高度，在陆地上是没有山脉可以企及的。海下地皮的起伏是极不规律的，从浅显的海岸边到高不可测的深渊，这期间或许是逐层变深，也或许是一落万丈，完全听由地皮自然构成的鬼斧神工。你们知道'平均深度'是什么吗？刚才我已经说过，因着海底地皮的不平整，各处的深度都是不相同的，那么倘若把海底的地皮铲平，使四处都是一样的平坦，保持某个范围内海水的体积不变，那么此时呈现的水深便是海岸的平均深度。通常情况下，海岸的平均深度在 6000~7000 米。"

"保罗叔，你刚刚所说的千米、米都太难理解，我已经有些迷糊了。不过，听了你的讲述，我现在知道海里有非常多的水了。"艾米尔骄傲地说。

"是的，海洋里的水比你所能想象的还要多得多呢。这样说吧，据科学计算，法国最大的河罗尼河（Rhone）一秒钟内约有 500 万升水流入海里，倘若保持这个速度不变，那么尼罗河 20 年内所流出的水的总量还不及海洋水量的千分之一呢！现在你们能想象到海有多大了吧。"

"可是，保罗叔，据我所知，尼罗河的水又黄又混浊，海水不是蔚蓝色的吗？"克莱尔问道。

"克莱尔，你的问题也正是很多人所疑惑的。事实上，海水除了在河口以外，别的地方都不会出现浑黄的颜色。如果你手捧一些水来看，会发现海水是无色透明的；而当远观大片海水时，它却是蔚蓝色的，有时还会有些碧绿的颜色。这要跟随天空颜色的变化而时时变幻。晴朗明媚的日子里，海水是蔚蓝色及靛蓝色的，而当乌云蔽日暴风雨降临的时候，它便呈现出黛绿乃至墨黑的颜色了。"

七十三、波浪·盐·海藻

"保罗叔，我听说大海发怒的时候会掀起凶猛的波浪，那是很恐怖的，是吗？"喻尔问。

"是的，喻尔，那非常可怕。我曾经亲眼目睹了那可怕的一幕：海浪像山峰一样高高地涌起，汹涌地卷着泡沫向一艘风雨飘摇的小轮船咆哮而来，往日在岸边看上去硕大的轮船在海浪的倾盆大口里弱小得如同蝼蚁，海浪将小轮船高高激起，继而又在两个大浪之间抛来抛去，那可怜的小轮船毫无招架之力，只能任由海浪来回摆布。待到一个大浪狠狠拍下，小轮船便被拦腰打穿了，立刻沉溺到海下莫测的深渊。"

"深渊？就是保罗叔之前告诉我们的海底地皮吗？"克莱尔问。

"是的，一旦沉船，便会永久地沉睡在那里，完全没有生还的可能，徒留给世上的亲人们无限的悲痛与怀念。"

"海浪是如此的残暴，那我希望海永远都是平静的。"喻尔说。

保罗叔说："孩子们，你们都是善良的，但你们还不知道倘若海永远地平静了，那会像它的暴虐一样令人担忧。海水的猛烈震荡会使海水得到充分的净化，在震

荡的过程中海水还会分解出大量的空气供地球上的生物们享用。另外，海水的剧烈晃动还会形成大风潮，不仅可以去除腐旧，增加水的活力，还可以促进海洋上空大气的流动，使大气同样变得澄清。

"海面受风力活动影响十分明显，风势猛烈时，海面激起层层波浪，波浪碰撞碎成团团泡沫，如果海风持续推进，便会在平阔的海面上形成一排排的浊浪，前后追赶着涌向海岸。你们以为这热闹的海面下会是同样的波澜壮阔吗？不，相反的，无论上面怎样的风高浪快，即使是发起了猛烈的风潮，海平面 30 米以下的水域仍旧岿然不动，平静如常。

"再来说说浪头吧。在近海中，最巨大的浪头有 2~3 米那么高，但在南海的特殊恶劣天气影响下，浪头差不多能升至 10~12 米的高度。浪头高高飞起时，俨然像一座宽阔而深邃的峡谷，铺天蔽日地向前涌来，那力量足以吞噬掉海上的一切存在。波浪的力量远不止如此，即使是高耸的海岸，在受到海浪的攻击后，也会产生剧烈的震动，那情形如同火山爆发前一般。

"在英国与法国之间的英法海峡的海岸上，随处可见海的断崖。那是一种由于波涛的拍打作用而形成的特殊地质斜坡。海涛不断地拍打海岸边的断崖，把断崖上的石块都击碎成石子，然后将石子卷入海中。曾有文字记载，许多海岸边的村落、房屋、塔寺等，被波涛无情地席卷后完全消失了，至今找不到任何残留的痕迹。"

"海水被这样剧烈地搅动着，难道就不会腐臭吗？"喻尔问。

"刚刚我说过的，海水的震荡会起到净化水质、去除腐旧的作用，但海水的清洁并不仅仅依靠于此，海水中还溶化着许多的防腐物质，尽管气味难闻，却其功甚伟。"

"海水能喝吗？"艾米尔问。

"艾米尔，海水是不可以喝的，假使你尝试着去喝一口，以后无论你有多渴，你都不会要去喝的。"

"为什么呢？"

"海水的味道又咸又苦，简直难以下咽，甚至令人作呕。我们烹调时候所用的食盐便是从海水中提炼而来。"

"盐水有那么难喝吗？我曾经不小心吃一大口盐水，虽然味道很重，但还不至于要呕吐呀。"喻尔不解地说。

"是的，单单只是咸的话，尚且不会这么难咽。要知道海水中还混杂着许多别的溶化在内的物质，那才是最难以下咽的。另外，各处的海水中所含的盐分也是不尽相同，比如一升地中海里的水，含有 44 克的盐质；而一升大西洋里的水，却只含有 32 克盐。曾经有计算指出，如果有一天海洋里的水都不见了，那海水中的盐分便会沉在海底，你们猜那会是多少？那些盐足以 10 米的高度把地球全部覆盖呢！"

"天哪，这么多盐，人类要吃到什么时候才能全部吃完呢！"艾米尔感叹道，"保罗叔，盐都是从海里得来的吗？"

"是的。制盐的过程也十分有趣。人们先选择一处地势平坦的海岸，在上面挖出一处盐泽，那是一个面积很大的低浅池塘。人们把海水引入盐泽，引满时便阻断通海口。每年太阳光炙热的夏季都是制盐的好时节，太阳的光热会把海水中的水分层层蒸发，最后只留下一层结晶在池底。人们用工具将结晶移走，再进行干燥即可。那些结晶，便是盐了。"

"保罗叔，那是不是说如果我把一盘盐水放在太阳下暴晒，也会得到薄薄的一层盐呢？"喻尔问。

"是的，喻尔。"

"保罗叔，"克莱尔要发问了，"我从书上看到海里有很多种鱼，我知道有沙丁鱼、鳕鱼、鲱鱼、金枪鱼，还有很多说不上名字来的鱼；像你说过的，海里还有许多藏在贝壳里的软体动物；我相信还有许多除此之外的小东西。可是，它们是怎样活下来的呢？"

"海里的生物遵循着大自然弱肉强食的规律，弱小的会被强大的吃掉，而强大的呢？会被比它更强大的吃掉，环环相食，便形成了食物链。但是，仅仅它们的食粮并非仅仅如此。海底像陆地上一样，蕴含着丰富的植物资源，有些弱小的水下生物便以此为生，它们啃食水里的植物，而另一些比它强大的生物则来吃它们，如此往复。由此，我们甚至可以说是水里的植物养活了它们。"

"我懂了，"喻尔抢着说，"就像羊吃草，狼吃羊一样，是草变相地养活了狼。"

"你说得很对，喻尔。"保罗叔接着说，"海里有着多种多样的植物，其数量也是极其可观的，完全不亚于陆地上的草原，甚至比草原还要多得多。海里的植物叫作海藻，它是一种完全不同于陆上植被的奇怪物种，它没有根和叶子，也从不开花，它仅靠水便可以存活，它的下部分泌着一种黏稠的汁液，可以吸附在海底的岩石上。它的样子也很古怪，有的像丝带，有的像鬃毛，有的像羽毛，还有的像螺旋桨，形状不一而足；颜色更是奇异，有的是橄榄绿色，有的是淡红色，有的是米黄色，还有的是深深的大红色。真是奇特极了。"

七十四、流动的水

"保罗叔，你之前说过，尼罗河几乎每秒钟要流入海里 500 万升水，这么多的水流到海里，海水会不会像山谷一样满起来吗？"艾米尔眨着眼睛问。

"首先我要告诉你，世界上河水流入大海的河流可不止尼罗河一条，仅在法国，便有格罗尼河、罗亚尔河、塞纳河，还有其他许多河流一起流向海洋，法国境内流入大海的水只占很小的一部分，要知道在每一个时刻，全世界各地都有无数的河流汇入大海。南美洲的亚马孙河河口有 40 千米宽，河长 5600 千米，它每秒钟流入海里的水量大得简直无法估量。还记得离家不远处的那条小水沟吗？我们曾在那里发现过小螃蟹，那条小水沟差不多能到艾米尔的膝盖那么深，比起亚马孙河，它简直不值一提，但是它和亚马孙河一样，每分每秒都有水流入大海，在路途中有时会遇到别的水流，于是它们就结伴而行，汇成一条较大的小溪，然后再与其他小溪汇成一条江河，一刻不停息的向大海奔涌而去。"

"这么多的水一刻不停地流入大海，全世界都是如此，"喻尔说，"我也产生了和艾米尔一样的疑问，大海同时接收了这么多的水，难道不会溢出来吗？"

"你们来思考一个问题，假设有一个蓄水池，它的一端有水不断地流进来，另一端有几个缺口，一旦水达到一定的高度便会从这里不停地流出去，你们说，在这样的情况下，蓄水池里的水会溢出来吗？"

"当然不会了，多余的水都流出去了。"艾米尔回答道。

"海洋也是同样的情形。虽然它得到了来自四面八方的众多水流，但是那些水的来源——小水沟、小溪、江河……失掉了流入大海的水，但同时从大海中得到了补偿和供给，致使它们还有足够的水源流动不息，不会干涸。"

"保罗叔，这么说那条有小螃蟹的水沟的水是从海里来的？"艾米尔插言说，"那它的水为什么不像海水一样是咸的呢？"

"那是因为它从海洋获取的水并不是像从蓄水池中获取一样直接。海洋里的水要想进入到小溪、小河里，就必须要借助云。"

"云？"孩子们都瞪大了眼睛。

"是的，云。还记得几天前我讲给你们的吗？太阳的光热把水蒸发成了水蒸气，海洋的面积 3 倍于陆地，因此大量的水蒸气汇聚在海平面上空，形成了云。云的自然活动，便带来了雨和雪。雨雪注入地表下，变成了泉水。泉水继而汇聚成了江河湖泊。"

"我知道了，"克莱尔说，"我知道为什么水沟里的水不咸了。如果把一盘子盐水放到太阳下面晒，不用多久水就会被蒸发掉，在盘底只剩下一层盐了。所以，同样的道理，被蒸发的海水并不含有盐，由此而形成的云和降雨也都是没有盐的，小水沟里的水自然就不是咸的了。"

"保罗叔，原来地球上的一切水流都是从海里来，又流到海里去的呀！"克莱尔说。

保罗叔总结道："海就像是一个公共的大水槽，地球上的每一处水源都是从它那儿而来，最后又向它那儿而去。"

蜂 类

七十五、蜂群

突然，一阵阵"砰——砰——砰——"的声响从花园里传来，打断了保罗叔的讲话，发生了什么？大家慌忙向花园里跑去想要一探究竟。保罗叔首先到达，只见老杰克正用一把铁钥匙敲击着铁水壶，旁边的老恩妈也拿着一块小石头捶打着一口小铜锅，砰——砰——砰——他们表情严肃，好像在进行着什么神圣的仪式。老杰克小声说："它们正向那一丛覆盆子飞去了。"

"看来它们要逃走了。"老恩妈附和道。砰——砰——砰——紧接着又是一阵金属碰撞的声音。

孩子们这时也来到了花园。花园中一簇小飞虫像红云一样时而升起，时而分散，有时还会紧紧地簇拥成一团，其间夹杂着翅翼拍打的单调声响。孩子们看到老杰克和老恩妈紧紧地跟随着那群小东西，不知道他们在搞什么鬼呢。而保罗叔只观察了一会儿，便将一切了然于胸了。

如老杰克所料，那群小家伙落进了覆盆子丛，沿着覆盆子丛的周围转起了圆圈，最后落在了一处枝丫上。是时候了，老杰克和老恩妈更加用力地敲打起来，砰——砰——砰——随着声音的扩散，枝丫上的小红云缓缓散开了，分散成一只只独立可见的小飞虫。待到它们散尽在覆盆子丛里，老杰克和老恩妈便停止了敲打。好了，现在人们也可以散场了。

艾米尔并没有要回屋的意思，他拉着保罗叔的手要走近覆盆子去细看一番，因为害怕刚才眼前那群未知的小家伙突然蹿出来，他紧紧地拉着保罗叔的手。喻尔和克莱尔也好奇地围了上来。

原来是蜜蜂！覆盆子的枝丫上挂着紧靠着的球状蜂团。几只后来的蜜蜂与先前停靠在枝丫上的并排在一起，就像电线上的麻雀。这里汇聚了差不多有几千只蜜蜂呢！蜜蜂们分批而来，打头阵的是蜂群里最精壮的一只部队，它们用前脚爪将枝丫抓牢；第二批到达的蜜蜂用后脚；第三批、第四批、第五批……它们的大部队陆陆续续地会师在覆盆子的枝丫上，有些来得晚的则只能用前脚挂在枝丫上了。密密麻麻的蜜蜂团抱在一起，它们红色的毛在太阳光的照射下更加清晰了。这太壮观了，也太惊奇了，孩子们战战兢兢地向后退去，不敢再靠近一步。

"我们要离得远一点，当心被它们蜇伤了。"喻尔小心地提醒道。

"放心好了，在这种情形下，只要我们不去惊扰它们，蜜蜂是不会攻击我们的。它们有十分重大的事情要去做，没有心思来管我们，我们安安静静的便好，它们是绝对不会伤害有好奇心的孩子的。"

"重大的事情？它们好像都已经睡着了，你们看，它们一动不动。"艾米尔说。

"它们已经失去了国家，无处可去了，现在它们正谋划着重新创造自己的家园呢。"

"什么？飞来飞去的小蜜蜂也有国家？"

"是的，孩子们，蜂房就是它们的国家。它们正在找一处合适的蜂房。"

"那这些没有国家的蜜蜂是从哪里来的呢？"克莱尔问道。

"它们是从花园里的旧蜂巢里来的。"

"住在那里不好吗？为什么要大费周折地换地方呢？"

"那里已经无法承担如此多的小东西了。蜂房里蜜蜂的数量越来越多，拥挤得水泄不通。为了缓解这种压力，蜜蜂们便在蜂王的领导下，勇敢地舍弃旧巢，重现建立一个更大的家园。这群勇敢的大部队，便是一个'蜂群'。"

"蜂王是它们的国王吧，它一定高高在上地统领全部的子民。那它也在那一团里吗？"

"是的，正是她的决定，蜂群才停止了前进，集体落在了覆盆子上。"

克莱尔回忆起了初到花园时的情形，于是问道："老杰克和老恩妈为什么要敲打水壶和铜锅呢？"

"因为我们要想方设法地让蜂群留在这里。蜜蜂是一种很怕暴风雨的小动物，只要听见雷声，它们便要赶紧找地方躲避起来，于是，杰克和恩妈便想出了制造雷声的办法。当然，我不相信蜜蜂留下来仅仅是因为这假雷声，我想，一定还有些原因，比如这里的确适合它们重建家园，并且离旧巢不远。"

话音刚落，老杰克一手拿着一柄锯子，一手拿着一柄锤子，胳膊下夹着几块新木板走了过来，他要给蜂群打造一所新房子。黄昏时分，新房子做成了，这蜂巢真是精美极了。箱的下端，有三个小孔，以用来方便蜜蜂进进出出，箱内有几个木钉，将蜂巢紧紧地固定住了。老杰克把新房子放在墙边一块大平石上。到了夜里，老杰克和老恩妈小心翼翼地将覆盆子上蜂群挪进新房子里，只需轻轻一晃，蜜蜂们便迅速离开了枝丫，顺利住进了新房子。

第二天清晨，喻尔醒来的第一件事便是跑去拜访花园里的那群蜜蜂。老杰克制作的新房子真是太合适不过了，它们一个个地从巢箱的小门里飞了出来，在太阳下面把全身擦了又擦，看样子舒适极了。蜜蜂们在花丛间飞来飞去，采蜜的新生活开始了。

七十六、蜂蜡

经历了花园里的见闻，孩子们嚷着要求保罗叔讲关于蜜蜂的故事给他们听，保罗叔欣然答应了这个请求。

"在蜜蜂的国家里，也就是那一个蜂箱里，差不多居住着两万到三万只蜜蜂，这相当于我们一个中等市镇的居住人口数。像我们人类一样，蜜蜂的国家里也有各种不同的职业分工，比如有厨师、木匠、裁缝、泥瓦工……还有，我之前说过，一个蜂群里会有一个扮演者领袖人物角色的母蜜蜂，那便是蜂王。蜂王是独一无二的，一个蜂群里只能有一只，它是全体蜜蜂的母亲，它与其它的蜜蜂有着明显的区别。蜂王的体型十分巨大，它除了领导群峰以外，唯一的工作便是产卵。蜂王的体内每次可以产下 1200 枚卵，并且第二批卵在第一批产完后立刻就能形成。蜂王创造了所有的子民，它是那样的辛苦和伟大。蜜蜂们对它们的母亲也是极为尊敬和爱护的，它们把能采到的最好的食物都供养给蜂王。因为高贵的蜂王实在太辛苦了，它完全没有时间去采摘食物。

"蜂群里还有一种比较特殊的蜜蜂叫作雄蜂，它们差不多有六七百只，担任着父亲的角色。

"它们的体型比工蜂要大一些，比蜂王要小一些，两只突出的大眼睛高高地顶在头上。雄蜂的尾巴处是没有刺的，它是蜜蜂中唯一不携带武器的。它们还十分的懒惰，并不像工蜂那样辛勤地采集蜂蜜。那它们要做什么？它们是蜂王的配偶，蜂王出巡时选中了它们，等到交配完成，雄蜂便被抛弃了。这时雄蜂只得离得远远地孤零零地死去。你们会好奇它为什么不回到蜂箱里去呢？那是因为它们并不受到工蜂的礼遇，平日的懒惰早已使工蜂们瞧不上它们了，谁愿意白白供养一个不劳而获的成员呢？所以即使雄蜂恬不知耻地回到国家来，工蜂们也会痛打它们，假使它们还不知趣，那下场只有一个——被工蜂活活杀死，然后抛尸在蜂箱外面。

"好了，我再来讲讲工蜂吧。在一个蜂王的国度里，大约有两万到三万只工蜂，工蜂就是我们在花园里最容易见到的那种，它们十分勤劳，终日都在忙碌着采集花蜜。工蜂里也有上了年纪的，它们年长且经验丰富，因此则留在蜂箱里负责看家护院，同时照顾尚未成长完全的小蜜蜂。这样说吧，年轻的工蜂负责采集蜂蜜和制作蜂蜡；年老的工蜂像保姆一样的料理家园、照看孩子。年轻的工蜂与年老的工蜂并不会因为分工不同而相互不顺眼，相反地，它们非常的友善。年轻的工蜂充满了工作的激情，它们飞到所有能力所及的地方寻找食物和花朵，有时也会在途中遭遇威胁，这时它们便勇敢地使出自己的武器与之搏斗。辛勤的工蜂回到蜂箱后会分泌出蜡汁来造贮蜜房和养育小蜂的小屋子，等到它们老去了，便会像其他年老的工蜂一样，留在家里做着保姆的工作。"

保罗叔讲述的关于蜜蜂的故事把孩子们都吸引住了，它们为蜜蜂国度的种种趣事而大呼奇妙。总是充满好奇地喻尔突然想到了什么，他大声问道："负责采蜜和做蜂蜡的蜜蜂是在花朵里寻找到现成的蜡的吗？"

"并不是这样，喻尔。蜂蜡是由蜜蜂自己制成的，就像厚珠母分泌出它的珍珠母制作珍珠一样，蜂蜡是由蜜蜂分泌而来的。仔细观察蜜蜂的肚子，你便会发现它是分成几片或几节的，这些节和片互相接合，组成了蜜蜂的肚子。不仅是蜜蜂，所有昆虫的肚子都是这样的，昆虫的角、触角和腿上，都是如此。我们再来说蜜蜂的肚子。在蜜蜂肚子的中部有一个可以造蜡的机关，那是最容易观察到的一处，类似的机关在蜜蜂身上还有七处。蜡汁从机关里一滴一滴地分泌出来，就像汗水渗出皮肤的样子。蜡汁缓慢积聚成一层薄薄的蜡衣，蜜蜂便用它的腿把肚子上的蜡刮下来。"

"蜜蜂用它的蜡做什么用呢？"艾米尔问。

"蜜蜂用它来造存储蜂蜜的蜜房，还用它来制造养育小蜜蜂的小房子。蜗牛也有同样的能力，它用自己分泌出来的石质来造它的壳。"

七十七、蜜房

保罗叔说："蜜房就是用蜂蜜和蜂蜡做成的小房子，蜜蜂用它来储藏蜂蜜和抚育幼虫。蜜房的一侧是敞开的，另一侧则是封闭的。每一间蜜房都是等边六角形的，它们整齐地排布在一起。等边六角形是一个严谨的科学名词，顾名思义，那是一种六个边一样长的六角形，我们人类尚且经过学习才能获取这一概念，而蜜蜂却可以天然地运用这一知识，可见昆虫的智慧。

蜜房水平地排列着，它们边接边地紧靠在一起，每间蜜房的六条边都各自是另一间紧挨着的蜜房的共用壁。这两层相接的蜜房组成了一个蜂房，或者也可以叫作蜂窝。在这个蜂房的一面，到这蜜房里去的一切人口都有了；在另一面，则那面的蜜房人口处也有了。最后，蜂窝在巢箱里垂直倒挂着，它的口一半向右一半向左。它紧贴在巢箱的上部或箱顶上，或紧贴在里面交叉着的棒上。一个蜂房尽可以容纳一定数量的蜜蜂，当蜜蜂众多时，便会出现许多相同的蜂房。各个蜂房平行地排列着，它们之间留出相对宽裕的空隙以便蜜蜂自由出入。"

"蜜蜂的故事真是太稀奇了，保罗叔快把更多的有趣事情讲给我们。"喻尔兴奋地说。

保罗叔说："我先来说说蜜房筑房的过程吧。蜜蜂把蜡从身上一片片地擦下来，用它的两牙将这一小片蜡衔住，遇到拥挤的时候，便会向同伴发出'嗡嗡'的声响，好像在说'我要过去'，迎面的蜜蜂听到后立刻会让出一条道来。等到了目的地，蜜蜂把衔着的蜡咬成细块，然后捏成一条扁平的长条，接着把它又咬碎，再揉捏成一个坚固的整块。在此过程中，不断地用口里分泌的黏液将蜡浸湿，使得这蜡片不仅坚固而且柔软。揉捏到火候成熟，就可以开始贴蜡片了。蜡片并不工整，蜜蜂会用它的两颚像剪刀般地把多余的地方剪下。它们触角此刻就像探测仪一样探测着蜡墙的厚度和空洞内的深度。十分有趣的是，如果这只蜜蜂年轻且没有经验，就会有一位经验丰富的老蜜蜂像师父一样伴在左右进行指导，一旦发现工作中失误，师父便会立刻上前亲自出手，而那犯了错的年轻蜜蜂则乖乖地退到一旁，认真学习。在几千只蜜蜂的共同协作下，一个宽约 30 厘米的蜂房差不多一天时间就可以完成。

"蜂房建成以后，其中的几个蜜房是用来贮蜜的，另一些是为小蜜蜂准备的。蜜蜂筑房用的蜡并不是源源不断的，它们肚子上分泌出这一薄蜡的速度是非常缓慢的。要知道，蜂蜡是蜜蜂消耗体内的能量才产生的，它的每一滴都凝聚着蜜蜂对自己的剥削，蜂蜡就像是蜜蜂用生命换来的一样宝贵。

"新的问题又出现了。这无数的蜜蜂都要进驻蜂房内；蜜房里的蜜越积越多，要留出足够的空间以存储蜂蜜；此外，在分配育婴室时还要格外注意，育婴室要越小越好，以免拖累蜂箱，同时要确保蜜蜂们能够进出自如。如果要同时满足以上要求，那就需要在最小的空间内做出最多的蜜房，所消耗的蜂蜡还要降到最低。孩子们，你们有办法解决这个难题吗？"

孩子们都无能为力地摇摇头。

还是保罗叔给出了答案，"聪明的蜜蜂有自己的办法。为了节省蜂蜡，蜜蜂把蜜房的壁做得很薄，薄得如同一张纸片。此外，关于蜜房的样式，它们没有选择圆形，也没有选用方形，因为圆形如果紧挨在一起无法完全吻合，会造成严重的空间浪费，而方形尽管排列起来十分紧密，但是需要消耗大量的蜂蜡，这样将来会无力支撑蜂房的大量蜂蜜。那怎么办呢？不得不说，蜜蜂虽然很渺小，但是它们的智慧是无穷的，它们选用了六角形，也就是有六个边的形状。这种样式不仅节省空间，并且可以用最少的蜂蜡支撑最多的蜂蜜存储。"

"那蜜蜂岂不是像我们人类一样聪明了？"克莱尔感叹道。

"我们人类要搞明白这些尚需要不断地学习运用几何学的知识，但难能可贵的是，蜜蜂们并没有经历思考研究的过程，它们完全是在无意识的状态下，完成这项缜密的工作，其中凝结着伟大的科学原理。"

七十八、蜜蜂

关于蜜蜂的话题还没有结束。保罗叔继续讲着。

"每天太阳刚刚升起的时候，勤劳的蜜蜂就已经在忙碌了，它们离开了蜂箱，四处寻找着各式各样的花朵，以采集足够的花蜜。花蜜是从花冠里分泌出来的甜汁，它是蜜蜂们绝佳的美食，也是供养蜂王和幼小蜜蜂的上乘佳品。同时，花蜜也是蜂蜜的主要原料。可是，蜜蜂一早便飞出了蜂箱，它并没有携带水壶、水桶等容器，那它如何把花蜜带回去呢？还记得蚂蚁吗？为了带牛奶给其他的同伴和孩子们，它们把肚子当作承载的工具，是的，蜜蜂也是如此。蜜蜂选定花朵后，便一头钻进去，把它又长又细的嘴伸入花冠的心里，一滴一滴地将甜汁吮吸进肚子里，吸完这朵再吸那朵，直到把肚子装得满满的。蜜蜂也是吃花粉的，有时还会特地带许多新鲜的花粉回到蜂箱里去。采集花粉办法与采蜜不同。蜜蜂轻盈地在雄蕊中翻转飞舞，把花蜜染了满满一身。蜜蜂后腿的尖端有一块长满短而粗的毛方块，就像是一把随身携带的刷子。于是，蜜蜂就用它在自己毛茸茸的身体上轻轻刮动，散布在肚子上的花粉粒，就被团成了一粒粒的小丸子，它用中间的腿把团好的小丸子捧住，放进后腿刷子边上的小孔里，这个小孔叫作篮子。蜜蜂一边刷着肚子上的花粉，一边把花粉丸堆进篮子里。篮子的边上长有围挡的毛，因此完全不用担心篮子里的花粉丸会掉出来。"

"我曾经在花园里见到过一只停在花上的蜜蜂，它的后腿上有一块黄色的东西，那是篮子里的花粉丸吗？"喻尔问。

"正是。当蜜蜂从花冠里吮吸的甜汁把肚子撑满，身上刷下的花粉丸把篮子也填满了，便是满载而归的时候了。在回家的途中它们也没有一刻的悠闲，这可是最宝贵的时光，因为这时蜂蜜便进入了酿造的工序，蜜蜂肚子里的甜汁和篮子里的花粉丸，都是制作蜂蜜的原料，只有把它们一起煮沸，才能酿成蜂蜜。你们一定想不到，煮沸的工序竟然是在蜜蜂的肚子里完成的。蜜蜂的肚子就像一个小小的蒸馏罐，甜汁和蜂蜜在肚子被咕噜咕噜地徐徐煮沸，最后肚子里满满的便是蜂蜜了。

"辛苦劳作了一天的蜜蜂回到蜂箱里，如果遇见了蜂王，便会充满敬意地把肚子里新酿的蜜嘴对嘴地递给它，然后再找一处空蜜房把肚子里余下的蜂蜜吐出来以做储备。"

"它是把肚子里剩余的蜂蜜全部吐出来吗？"喻尔问。

"事实上并不是的，通常蜜蜂会把肚子里的东西分作三份：一份送给尽着保姆职责的老工蜂，一份留给育婴室里还未长大的小蜜蜂，最后一份才拿来酿造蜂蜜。"

"蜜蜂也吃蜂蜜吗？"克莱尔问。

"当然了。蜜蜂酿蜜的初衷是为了它们自己，不是为了我们。我们普遍认为蜂蜜是酿造给别人食用的，事实上是我们掠夺蜜蜂的劳动成果。"

"那后来花粉丸呢？"喻尔问。

"满载的蜜蜂回家后，像存贮蜜一样，把花粉丸放进一件空置的蜜房内，然后用中腿把小丸子打碎，推到里面。这样，等到它下次外出不在家时，老工蜂可以从这里吸取花粉喂食小蜜蜂，同时也可以当作老工蜂饥饿时的美食。在某些恶劣的气象条件下，如雨、雪、狂风等，蜜蜂无法外出工作，这时，蜜房里储备的花粉和蜂蜜就派上了用场。要知道，花朵儿并不是一年四季都会开放的，因此备好不时之需是极为必要的。在花团锦簇的时节，蜜蜂的劳动会换来极大的收获，甚至会超过蜜蜂们的直接需求量，于是它们便把蜂蜜和花粉存在蜜房里，蜜房被填满后，就用蜂蜡做成盖子将蜜房封严。被封了盖子的蜜房一般情况下是不能随便打开的，它就像救世主一样被蜜蜂们敬畏着，除非到了万不得已的严重匮乏时期，才能被揭去蜂蜡的盖子，并且每只蜜蜂在搬取时都极为节省，绝不会没有节制地大量获取。"

喻尔的下一个问题又来了，"小蜜蜂怎样被喂食的呢？"

保罗叔说："蜜房里的育婴室起初都是空着的，蜂王依次在每间育婴室里产下一个幼卵，担任保姆的老工蜂便开始悉心地照料这些小家伙了。3~7天的时间，幼虫便会从卵中孵化出来，变成一条白色的软体虫，它全身蜷曲着，没有腿。保姆们每天几次地喂食给孩子们吃，像你们小时候一样，最早的时候并不能像大人一样吃东西，而只能喝一些流食。老工蜂先是把一种无味的浆汁喂给幼虫吃，后来长大一点，便兑一点蜜或花粉进来，让它有一点甜味，最后才完全是纯蜜。

幼虫发育得很快，仅仅六天的时间就可以发育完全，然后像其他昆虫的幼虫一样，进行艰难而关键的重生——蜕变。还记得我们说过的蚕和蝴蝶吗？蜜蜂的幼虫在蜜房内同样用丝将自己密不透风地缠绕起来，为了帮助它实现蜕变，工蜂用蜡将幼虫的蜜房封起来。幼虫在丝的缠绕内舍弃了外皮，变成了蛹。大约十二天之后，蛹便完成了蜕变，它挣脱阻力，新生为一只健全的蜜蜂，它是多么迫切地想要出去与大家见面呀！于是它奋力咬破蜡盖。这时，等在育婴室外面迎接新生命的蜜蜂们便迫不及待地一同上前将蜡盖咬破，多么美好的见面时刻呀！这位新公民并没有做片刻停歇，它仅是擦拭了身体，把翅膀吹干，就马不停蹄地开始采蜜去了。"

七十九、蜂王

"那蜂王是从什么样的卵里变成的呀？和普通的卵一样吗？"喻尔问了一个很有趣的问题。

"能育出蜂王的卵与普通的卵是稍有区别的。它们出生的蜜房就全然不同，它的蜜房叫作御房，在蜂箱的顶上，与普通的育婴室相比既宽敞又坚固，而且也不再计较什么样式，它所消耗的蜂蜡要比普通的蜜房多得多，简直可以用奢华来形容。除此之外，能育出蜂王的卵与普通的卵别无差别，只是待遇上有所不同。就像我们人类幼年时接受的教育与培养，决定了我们长大后的角色与成就。在某种高贵的礼遇下，幼虫长大后变成了蜂王，承担着整个国家的兴衰荣辱；而换一种待遇，幼虫日后变成了普通的工蜂，身上长着刷子和篮子，日夜劳作。这其中待遇的差别完全是在于进食的不同，蜜蜂从小所吃的食物决定了它日后是蜂王还是工蜂。对于想要把它培养成蜂王的幼虫，保姆们会为它特意调制一种秘制的食物，至于那是怎样做出的，我们至今还不得而知。但毫无疑问的是，凡是吃了那种食物的幼虫，都能够长成受人敬仰的蜂王。"

"那蜂王在御房里产卵时知道那卵将是未来的蜂王吗？"艾米尔问。

"她是全然不知的。"

"那么说来，蜜蜂们是在私下里偷偷地造着蜂王吗？"

保罗叔继续说："可以这么说。尽管蜂王是高贵而受人尊敬，但是它非常爱嫉妒。它是不能容忍在它的国家里还有另一只蜂王存在的，这是对它地位的严重挑衅。但是工蜂们十分理智，它们知道蜂王终有一天会死去，国家不能一刻没有元首。出于对未来的长远考虑，它们不得不这样做。

"春天的时候，当普通的蜜蜂大都完成了蜕化，一阵很响的撞击声便从御房里传了出来。小蜂王就要出来了！保姆蜂和工蜂紧密地排成一道围栏顶在御房的蜡盖上，它们要阻止小蜂王来到这个蜂群，它现在还不能出来。小蜂王在蜡盖的内侧用力地撞击，破开了一个小口，蜜蜂们马上把蜡盖修好加固，小蜂王暴躁得猛烈震动起来。

"终于，震动激怒了老蜂王，它得知了小蜂王的存在。它怒气冲冲地袭来，愤怒地将御房门前的蜡盖层层拆除，它气急败坏地要把那些敌人撕个粉碎。大部分的小蜂王都死在了它的手下，仅有两只幸存。此时，重大的内讧爆发了。蜂群里的子民分成了两派，一派站在老蜂王身后，力挺朝代不变；另一派则拥立小蜂王，要求改朝换代。由于党派斗争，蜂箱内乱作一团，失去了往日的井然秩序，储藏蜂蜜和花粉的蜜房被哄抢一空，两派之间相互用毒刺攻击对方，这个国家要沦陷了。见此情形，老蜂王做出了一个艰难的决定，它要离开这个令它伤心的国家，尽管它曾为之建立付出了许多的心血。决心已定，老蜂王毅然决然地飞出了蜂箱，它的追随者也随之飞了出去，它们要去建立一个崭新的国家了。

"留在巢箱中的蜜蜂，恢复了往日的平静。它们现在要做的，便是解决两只小蜂王谁来做首领的问题。为了争夺统治权，两只小蜂王要进行殊死的决斗。它们相互用牙颚咬住了对方的触角，头对头胸顶胸地扭打成一团。几个回合下来仍分不出胜负。这样的结果是不能让围观的蜜蜂满意的，它们将搏斗的双方团团围住，一定要决一雌雄才可以。于是两只小蜂王又激烈的扭打起来。只见一只小蜂王抓住机会出其不意地跳到对方的背上，把它未展开的翅翼擒住，在身上狠狠地刺下了一针。对方受了针刺，腿一直，死了。新的蜂王诞生了，一切又归于了常态。"

"那些蜜蜂们也不是善良的，它们竟然强迫两个蜂王打架。"艾米尔说。

"艾米尔，在有些情况下，这也是无可厚非的。国不可一日无主，否则将会天下大乱的。但它们并不会因此而忘记了对蜂王的尊敬，那是永远不会改变的。

"还有一种情况是时常发生的，有一天，受万民拥戴的蜂王突然因意外或年老死去了。蜜蜂们会尊敬而悲伤地环绕着死去的蜂王，为它轻轻地刷拭身体，贡献蜂蜜，一如它活着时一样，使它享受所有生前的待遇。悲痛过后，大约需要几天的时间，悲伤的蜜蜂们才完全接受了蜂王已经死去的现实，于是举国上下一片哀嚎声，在夜晚时分，便可以清晰地听到蜂箱里传来阵阵"嗡——嗡——嗡"的叫声，那是蜜蜂的痛哭声，差不多要持续三天呢。日子还要继续，哀哭过后，它们就会在大家一致的意见下在普通的幼虫中挑选出一只来作为未来的蜂王进行培养。这只幼虫因此而改变了命运，搬进了奢华的御房，食用起精美的秘制御浆，成为一代新蜂王。"

　　"这是我所听到的保罗叔所讲的故事中，最有趣的一个。"艾米尔说。

　　"是的，正是因为这样我把它保留到了最后。"保罗叔赞同地说。

　　"为什么是最后？"喻尔嚷道。

　　"保罗叔不愿意再讲真故事给我们听了吗？"克莱尔有些失落。

　　"真的不会再讲给我们听了吗？"艾米尔急得就要哭了。

　　"不是这样的，孩子们。因为田里的谷子已经熟透了，我要去忙着收获谷粒了，等我有了闲暇，还有好多的故事要讲给你们听呢！"保罗叔解释说。

　　孩子们回到各自的房间，他们盼着收割能够及早结束，他们要听保罗叔继续讲故事给他们听，讲那些真实发生的有趣故事。

蜂
类